辜韋勳的藝饗烘焙

The Art of the Cake
Baking and Decorating

辜韋勳 著

作者序

在這個瞬息萬變的時代，烘焙不僅僅是一種烹飪技巧，更是一種藝術表達的方式。每一個步驟、每一塊技巧，都是創造者心靈的延伸，承載著對生活的熱愛與對美的追求。

本書將帶領您走進烘焙的藝饗世界，從基礎的技術到高階的藝術表現，無論您是新手還是經驗豐富的烘焙愛好者，都能在這裡找到靈感與指引。

烘焙的魅力在於它的多樣性與創造性。您可以隨心所欲地調整配方、造型，加入自己喜愛的元素，讓每一個成品都獨具風格。在這過程中，不僅能夠提升技術，還能找到心靈的滿足。

希望這本書能激發您的創造力，讓您在烘焙的旅程中，發現更多的可能性。讓我們一起把每一份甜點都變成藝術的作品，分享給身邊的人，讓愛與美好在生活中蔓延。

希望您在烘焙中找到無窮的樂趣與靈感！

辜韋勳 助理教授
景文科技大學 - 餐飲管理系

推薦序

　　過去我們研究烘焙創造力的內涵裡，蛋糕裝飾可以展現在烘焙知識、跨域技術、廚德態度、多元文化及藝術美學，在辜老師這本新書中可以看見他把蛋糕創意衍生在每個慶祝時刻及生活小確幸中，相信可以爲讀者們帶來無窮的快樂和驚喜。

　　這本特別的烘焙專書是由景文科大餐飲系烘焙組辜韋勳老師精心撰寫，年輕優秀的他在烘焙領域擁有多年的實戰經驗和深厚的藝術工藝，讀者可以從本書章節中獲得新知及技術。辜老師的作品近年曾多次獲得 WACS 國際 A 賽獎項，並且在烘焙界享有很高的聲譽，這本專書不僅僅是他多年來心得的總結，更是他對烘焙藝術熱情的眞實寫照。

　　書中內容詳盡，從最基礎的材料選擇和工具使用，到高級技巧的展示，每一步驟都有詳細的解說和精彩配圖。不論你是剛剛踏入烘焙世界的新手，還是尋求進一步提升技藝的老手，相信都能在這本書中找到適合自己的內容，在此眞心推薦給喜歡烘焙藝術的廣大朋友們。

胡宜蓁 Monica Hu 院長
景文科技大學 - 觀光餐旅學院

推薦序

　　辜韋勳老師是一位在烘焙界享有盛名的大師，他的作品總是能帶給人無盡的驚喜與感動。在景文科大服務期間，指導選手並帶隊多場國際廚師協會（WACS）認證的國際競賽，獲獎無數。在 2024 年，甚至帶領選手在德國舉行的奧林匹克世界廚藝大賽，奪得最高榮譽，為國爭光，可以說是真正的超強金牌教練。

　　在書中，他將多年來累積的豐富經驗與心得，毫無保留地分享給每一位讀者。無論你是剛剛踏入烘焙世界的新手，還是尋求技藝提升的專業人士，都能在這本書中找到寶貴的知識和靈感。

蔡淳伊

蔡淳伊 系主任
景文科技大學 - 餐飲管理系

推薦序

　　韋勳老師是名非常棒的烘焙教師，其翻糖結婚蛋糕技術造詣非常傑出，曾在德國 IKA 及盧森堡世界盃多次獲獎，具備有烘焙西點蛋糕及中式麵食等多項乙、丙級證照資格，也受過國內外裁判培訓合格，更是在五星級六福皇宮及寒軒國際飯店點心房工作過，歷經同德家商及敏實科技大學任教，現今在景文科技大學餐飲管理系任教，課程教授積極用心，深獲學生好評連連，並帶領選手參加世界廚師協會認證最高等級，2024 德國 IKA 奧林匹克國際世界大賽勇奪金牌，成績表現十分亮麗。

　　辜韋勳的藝饗烘焙，這是本很棒的烘焙技術專書，結合了韋勳老師多年實務歷練成果，書內內容極為豐富，作品解說細緻，融合彙整了多款蛋糕裝飾製作技術，可供讀者及學子們學習實際製作，有杯子蛋糕裝飾，造型糖霜餅乾，創意和菓子及鮮奶油蛋糕裝飾等，技術由淺至深，逐次分階表達，作品也仔細重點標註說明，並詮釋了新世代，創新蛋糕裝飾實務製作各項技巧，是本自用與教學時最佳的參考教科書，值得讀者們深深青睞與收藏。

陳文正 副教授
第十五屆教育部技職之光教師
景文科技大學 - 餐飲管理系

推薦序

　　裝飾是一門深奧又有樂趣的學問，透過這本書的示範操作讓喜愛蛋糕裝飾的烘焙愛好者們能夠更深入了解各式蛋糕餅乾的製作與裝飾變化，這本書也介紹了現今流行的人氣商品，有翻糖蛋糕．韓式擠花．糖霜餅乾及和菓子等等讓這本書更增加蛋糕裝飾不同的變化及豐富性，辜韋勳是一位非常優秀的老師，透過辜老師的細部解說與完整示範分享，相信烘焙愛好者們一定能夠獲益良多學到最精華的技術。

　　現代許多人喜歡在家裡做烘焙，這本書是一本做好「各式蛋糕裝飾」的工具書，共分五類 1. 翻糖蛋糕裝飾 2. 杯子蛋糕（翻糖捏塑、韓式擠花、造型擠花）3. 糖霜餅乾 4. 和菓子 5. 鮮奶油蛋糕裝飾，從糖霜的攪拌，顏色的調製，裝飾的變化，每款作品的裝飾手法及色彩呈現完美的搭配組合，讓產品更有價值，口感更加細緻。研讀這本書會讓您受益良多，能學習更多的蛋糕裝飾技巧及裝飾的正確觀念與學問，在此真心推薦給所有喜愛烘焙的朋友們。

　　《辜韋勳的藝饗烘焙》是本專業又實用的烘焙裝飾專用書，聚集了辜韋勳老師這些年所研究的西點蛋糕裝飾技術及學問，值得為您推薦。吃得飽是科技、吃得好是經濟、吃得巧是人文、能將西點蛋糕裝飾技術傳承是一種永續，這本書能看到最新穎的裝飾技術及時尚流行的甜點裝飾，是本值得您細細品味得經典著作，藉由書內製作過程可以落實學習到最專業烘焙技術，深值得讀者們青睞與收藏。

黃汶達 副教授
弘光科技大學 - 餐旅管理系

推薦序

在烘焙這個充滿創意與技術的世界裡，辜韋勳老師以他獨特的技藝和無盡的熱情，為我們呈現了一部令人心動的作品—《辜韋勳的藝饗烘焙》。這本書不僅是一個美味甜點的指引，更是藝術與心靈的完美結合。

辜韋勳老師曾擔任 CIGTC 加拿大國際餐飲大賽 / 評審委員、BTGFIT 比利時觀光美食節國際大賽 / 評審委員、WCC 馬來西亞國際廚藝競賽 / 評審委員、IAFBC 亞洲餐飲挑戰賽 / 評審委員等國內位廚藝競賽評審、台南建城 400 週年廚藝競賽 / 評審長、TIC 臺北國際廚藝挑戰賽 / 評審委員，同時也擔任國內知名餐飲品牌顧問，也帶領著烘焙選手們參加國內外各項烘焙賽事均取得好成績，不管在教育界或業界都有著豐富的經歷。

《辜韋勳的藝饗烘焙》不僅僅是一本技術指南，更是一部充滿靈感和美學的藝術書。這本書不僅會讓人在甜點製作中獲得更多的樂趣，也會激發對甜點藝術的熱愛和追求，無論是剛踏入甜點世界的新手，還是已經有一定經驗的甜點愛好者，這本書都將成為你無可或缺的寶貴資源！

莊淑媚 Caroly
蘿漾手作藝術坊 創辦人

推薦序

　　這是難得的一本含括多種技法的蛋糕裝飾的工具書，同時也是集結辜老師多年努力心血的見證，辜老師從大學時期就靠自己打工賺錢且不辭辛勞的利用課餘時間，往返於台南、台北學習翻糖蛋糕裝飾，同時設定目標，鞭策自己多次參加國內外比賽，也多取得很棒的成績。

　　退伍後，他開始任教職，仍不忘對烘焙與蛋糕裝飾初心，一方面無私地傳授技藝給學生，另一方面仍不斷地進修翻糖裝飾並且多方涉獵各種不同裝飾，期許自己不斷地成長並將所學傳授給學生。

　　多年來他除了自己仍不時參加國際大賽，每年也帶領著學生征戰全世界，且屢獲佳績，幫許多選手圓夢，同時也獲得國際廚藝協會認可，從選手晉升為評審，多年累積下來的學習與教學經驗，成就了今日的他，他的努力大家有目共睹。

　　很開心他藉由此書分享美美的蛋糕給更多愛學習的朋友們，這也許是打開您天賦的一把鑰匙，讓我們一起跟著辜老師來學習。

吳薰貽 Sandy
糖藝術工房 創辦人

推薦序

　　翻糖、糖霜餅乾及蛋糕裝飾對大多數的人都不陌生。對於有興趣將這些當作休閒娛樂或專業人士學習的這類型的參考書刊在市面上不難找到。然而當我得知辜老師即將把他個人在這個專業領域的經驗分享時，我已經充滿期待。更榮幸能爲這本專業且充滿創意的書作推薦序。

　　我所認識的本書的作者，是一位在科技大學餐飲管理系任教的老師，也是一位熱衷於翻糖、糖霜、蛋糕藝術的專業人士。在一次糖花學習的機會下，和韋勳老師閒聊之下知道一位可望成爲學生好的典範及帶領年輕學子具有創造力和國際視野的他原來從他大學時期起，辜老師便展現了對這一領域的無比熱忱。爲了提升自身的技術，他不僅利用課餘時間深入學習，還運用打工所得的收入來進行專業訓練。這些年來，他始終如一地追求卓越，並在不斷努力和成長的過程中，取得了令人矚目的成就。

　　作爲一名教師，他不僅將自己的知識和技能傳授給學生，還積極帶領學生參加國內外的比賽，取得了豐碩的成果。這些經歷不僅體現了他的專業素養，更展示了他對學生的無私奉獻和教育熱忱。

　　本書凝聚了作者多年來的心血和智慧，詳細介紹了翻糖、糖霜餅乾、和菓子與蛋糕裝飾製作的技巧和方法。無論是對專業人士還是愛好者，都具有極高的參考價值。我相信，這本書一定會成爲讀者在這一領域中的重要指導和靈感來源。

　　在此，我誠摯推薦這本書，並期待它能幫助更多的人發現和實現對糖藝的熱愛。

陳碧蓮 Tina
Sweet Crafts by Tina 創辦人

Contents

作者序 002　　　**推薦序** 003

I 器材、食材
Appliance Material

介紹 012

II 配方
Recipe

白蘭地水果蛋糕製作 024
翻糖批覆製作 030
杯子蛋糕體製作 032
杯子蛋糕內餡製作 036
糖霜餅乾體製作 038
皇室糖霜製作 040
和菓子皮製作 & 餡料製作 042
戚風蛋糕體製作 044

III 翻糖蛋糕裝飾
Fondant icing cake

森林系動物 050
海洋世界 062
魔幻馬戲團 074
福爾摩沙 088

IV 造型杯子蛋糕
Cup cake

花舞 - 豆沙杯子蛋糕	102
可愛毛寵 - 糖霜杯子蛋糕	110
速食派對 - 翻糖杯子蛋糕	118
開心農場 - 翻糖杯子蛋糕	128

V 造型糖霜餅乾
Royal icing cookies

夏日海洋 - 初級	142
小鹿漫遊 - 中級	150
馬戲團 - 高級	156
新春慶 - 進階	164

VI 造型鮮奶油蛋糕
Cream cake

財神爺	172
戲曲	176
祥龍聚寶	182
柯基犬	190

VII 創意和菓子
わがし

初階和菓子	196
中階和菓子	204
高階和菓子	212

紙模 —————————————— 225

I
器材、食材

Appliance & Material

水筆

鑷子

七本針

平頭水彩筆

細頭水彩筆

刀形工具

三角棒

菊剪

菊針

各式壓模 　　　　　　　　　各式造型餅乾壓模

塑形工具 　　　　　　　　　烘乾機

Ⅰ　器材、食材 — Appliance & Material

15

棕刷

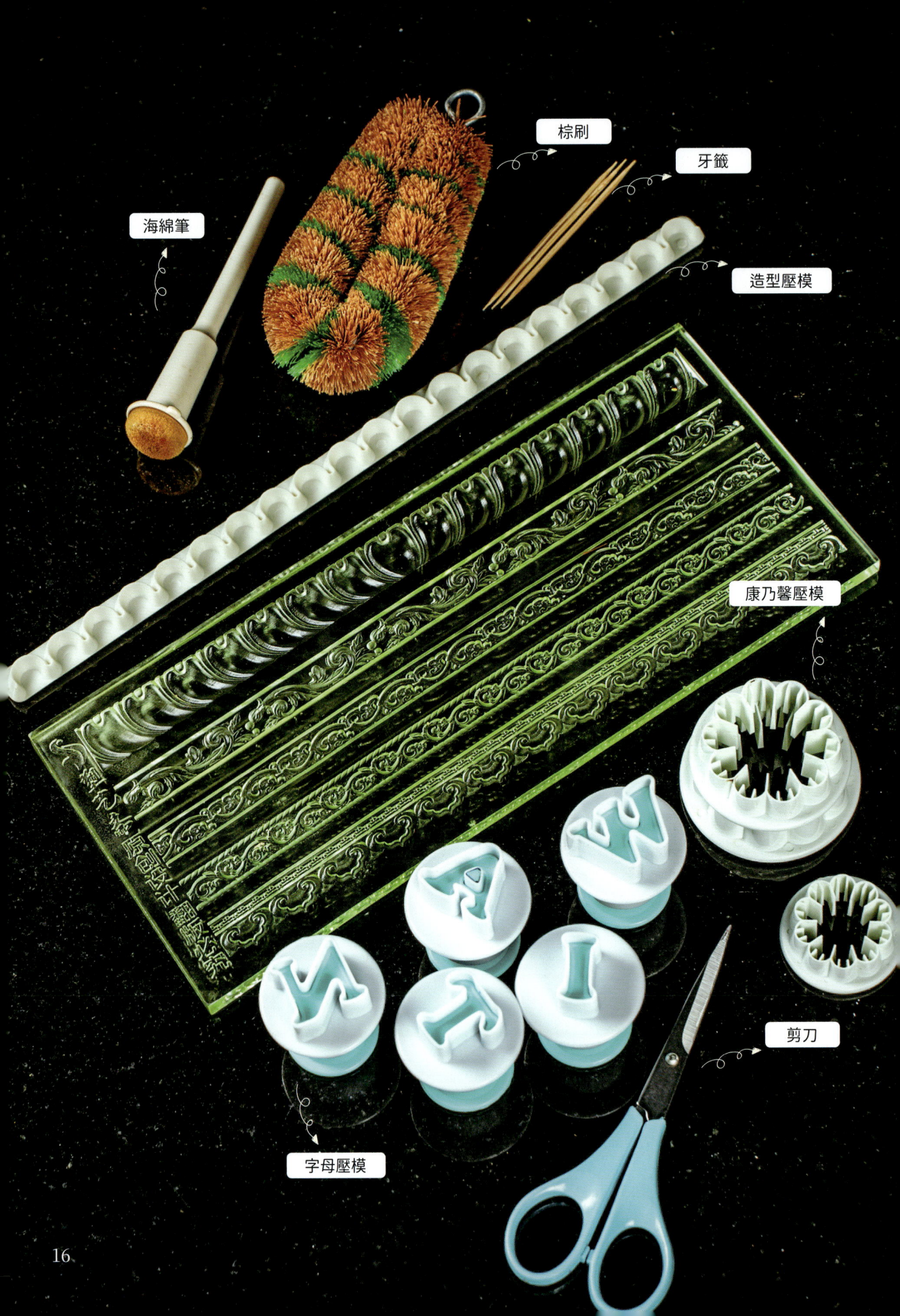

牙籤

海綿筆

造型壓模

康乃馨壓模

剪刀

字母壓模

16

各式花嘴、花托、花嘴轉換器 　　　　　細孔篩網

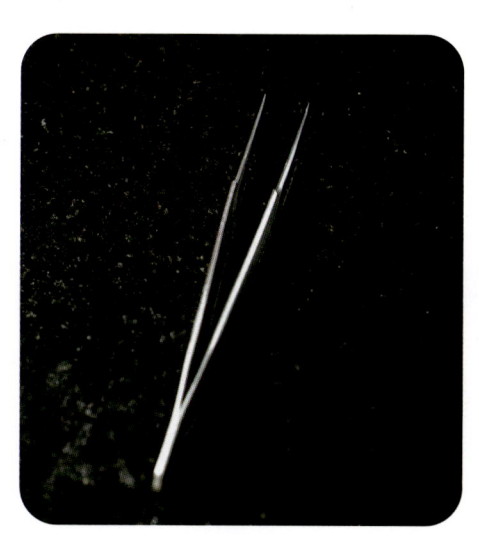

尖嘴鑷子 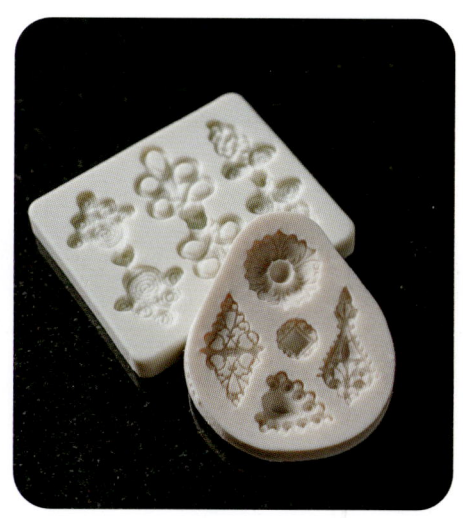　　　　　各式矽膠壓模

Ⅰ 器材、食材 — Appliance & Material

仙人掌粉

可可粉

甜菜根粉

抹茶粉

紫薯粉

南瓜粉

櫻印白玉粉

各式糖珠

食品級亮光漆噴霧

長條型餅乾

器材、食材 ── Appliance & Material

大福色膏和大福翻糖

人偶翻糖	 人偶甘佩斯翻糖	白色翻糖	咖啡色翻糖
紅色翻糖	黃色翻糖	黑色翻糖	綠色翻糖
橘色翻糖	磚紅色翻糖	藍色翻糖	墨藍綠翻糖
大福蛋白粉	大福蛋白粉	大福泰勒粉	大福蕾絲粉
咖啡色色膏	金黃色色膏	藍色色膏	紫色色膏

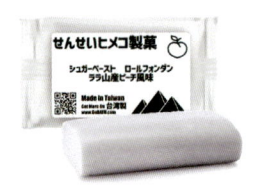

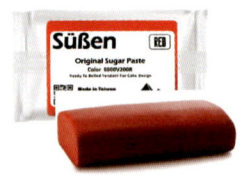

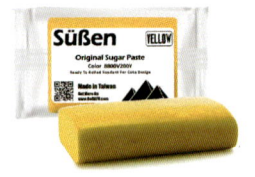

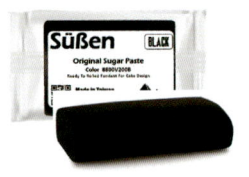

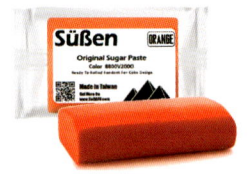

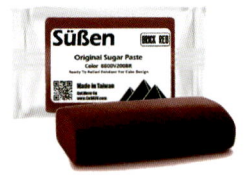

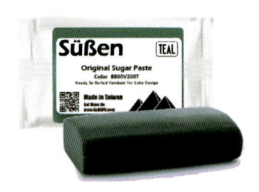

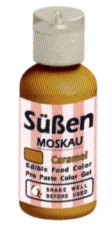

I 器材、食材 — Appliance & Material

| 焦糖色色膏 | 超級白色膏 | 超級紅色膏 | 超級黑色膏 |

| 嫩粉紅色色膏 | 橘色色膏 | 鮮綠色色膏 | 檸檬黃色色膏 |

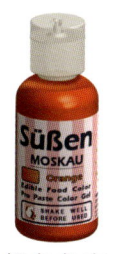

安佳乳製品

| 安佳動物性鮮奶油 | 阿羅利奶油 | 安佳發酵奶油 | 奶油乳酪 |

銘珍豆沙餡

銘珍白豆沙

櫻印白玉粉

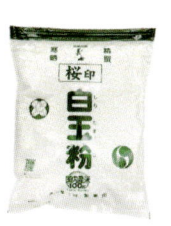

櫻印白玉粉

21

Ⅱ 配方

)x)x)x
101010

Recipe

白蘭地水果蛋糕製作

數量 2 顆 6 吋
重量 每顆 760 公克
烤溫 上下火 170℃
時間 25 分關上火續烤 30 分

蛋糕體 / 公克 g	
無鹽奶油	254
糖粉	180
鹽之花	1
二砂糖	36
蜂蜜	41
全蛋	203
中筋麵粉	304
泡打粉	5
合計	1024

果乾 / 公克 g	
夏威夷豆	101
蔓越莓乾	203
蜜漬桔皮	101
杏桃乾	101
無花果乾	101
白蘭地	68
合計	675

酒糖液 / 公克 g	
細砂糖	30
水	30
飲用水	179
蘭姆酒	64
合計	303

TIP

> 果乾皆可替換成喜歡的果乾，例如：杏仁果、葡萄乾等。

> 爐溫依照每台烤箱脾氣不同，請依使用習慣調整。

> 此配方為 2 顆 6 吋蛋糕，如使用固定模建議鋪紙。

Ⅱ 配方 — Recipe

1 無花果乾使用剪刀剪小塊。	**2** 杏桃乾使用剪刀剪小塊。	**3** 將其他所有果乾都剪成差不多大小。
4 加入白蘭地酒。	**5** 混合拌勻。	**6** 封上保鮮膜，靜置一小時。
7 無鹽奶油放入攪拌缸中，使用槳狀拌打器，慢速將奶油打軟。	**8** 加入過篩好的糖粉。	**9** 加入二砂糖。

Ⅱ 配方 — Recipe

10 加入鹽之花，慢速打勻。

11 中筋麵粉和泡打粉過篩。

12 確實過篩。

13 加入蜂蜜打勻。

14 分次加入全蛋打勻。

15 分次加入，避免油水分離。

16 加入過篩好的粉類。

17 先慢速拌到看不見粉。

18 再轉中速拌勻。

27

19 加入浸泡好的果乾。

20 慢速打勻。

21 使用刮刀刮缸拌勻。

22 模具噴上烤焙油。

23 每顆 760 克。

24 表面抹平，輕敲。

25 放上烤盤，
上下火 170°C 烤 25 分鐘，
關上火續烤 30 分鐘。

26 出爐後放涼，脫模。

27 建議使用活動模較好脫模。

II　配方 — Recipe

28 酒糖液材料混合。

29 攪拌均勻。

30 糖水材料需先用1：1比例煮滾放涼。

31 使用塑膠刷子刷上酒糖液。

32 完成。

翻糖批覆製作

公克 g	
翻糖	適量
泰勒粉	適量

大福泰勒粉

TIP

> 翻糖使用前建議先揉過。

> 每家品牌的翻糖軟硬度不同，可以斟酌使用泰勒粉增加操作性。

> 翻糖染色建議使用色膏較好操作，每次使用牙籤加一點在翻糖中，揉勻後再適當調整顏色。

Ⅱ 配方 — Recipe

1. 翻糖使用前先揉勻。 
2. 擀至需要的厚度。 
3. 使用擀麵棍捲起，輕輕放在蛋糕上。 
4. 波浪狀邊緣，慢慢貼在蛋糕表面。 
5. 使用手掌，調整服貼度。 
6. 使用刮板輔助，將翻糖服貼於蛋糕表面。 
7. 使用輪刀，切掉多餘的邊。 
8. 再使用刮板輔助。 
9. 讓整個蛋糕披覆上翻糖

杯子蛋糕體製作

- **數量** 24 個
- **重量** 杯模約 9 分滿
- **烤溫** 上下火 180 / 160℃
- **時間** 20 分關上火續烤 8 分

材料① / 公克 g

材料	公克 g
蛋白	332
塔塔粉	3
鹽	1
細砂糖	198
合計	534

材料② / 公克 g

材料	公克 g
保久乳	85
無鹽奶油	120
奶香粉	7
低筋麵粉	159
玉米粉	23
泡打粉	8
合計	402

材料③ / 公克 g

材料	公克 g
蛋黃	265
蛋白	133
合計	398

II 配方 — Recipe

1. 奶香粉、低筋麵粉、玉米粉、泡打粉混合過篩。

2. 牛奶、無鹽奶油放入鍋中，上爐加熱。

3. 煮滾。

4. 離火，加入過篩後的粉類。

5. 混合攪拌。

6. 攪拌至看不到粉類。

7. 分次加入材料③混合好的蛋液。

8. 分次加入避免攪拌不均造成顆粒。

9. 完成蛋黃糊。

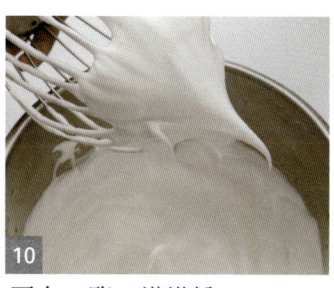

10 蛋白、鹽、塔塔粉放入攪拌缸中,打至起泡,加入細砂糖打至 7 分發。

11 取 1/3 的蛋白霜加入蛋黃糊中。

12 使用刮刀,由下往上拌勻。

13 再倒入蛋白霜中。

14 使用刮刀,由下往上拌勻。

15 完成麵糊。

16 裝入擠花袋中。

17 擠入烤杯中,約 9 分滿。

18 上下火 180/160°C 烤約 20 分 關上火續烤 8 分。

杯子蛋糕內餡製作

◆◆◆

份量 450 公克

◆◆◆

公克 g	
動物性鮮奶油①	95
白巧克力	74
奶油乳酪	50
白蘭地	4
蘭姆酒	4
動物性鮮奶油②	225
合計	452

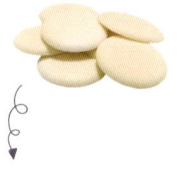

大福白巧克力

TIP

> 白巧克力可以改成其他口味的巧克力，克數不變。

> 白巧克力隔水加熱，切記不要太高溫加熱，會油水分離。

> 動物性鮮奶油打發至 8 分發。

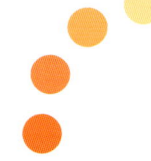

1 白巧克力隔水加熱。	 2 白巧克力融化後加入動物性鮮奶油①。	 3 混合拌勻。
 4 奶油乳酪拌軟。	 5 慢慢加入混合好的巧克力。	 6 混合拌勻成滑順狀。
 7 動物性鮮奶油②打發。	 8 打發奶油慢慢加入巧克力中。	 9 拌勻後，加入白蘭地拌勻。

糖霜餅乾體製作

重量	麵糊約 480 公克
烤溫	上下火 170°C
時間	25 分

餅乾體 / 公克 g

無鹽奶油	111
糖粉	55
低筋麵粉	262
香草醬	2
全蛋	55
合計	485

色粉 / 公克 g

仙人掌粉	15
羽衣甘藍粉	15
紫地瓜粉	15
南瓜粉	15

仙人掌粉 　　羽衣甘藍粉 　　紫地瓜粉 　　南瓜粉

TIP

> 可換成喜歡的天然色粉，克數不變，也可以自己搭配顏色。

> 爐溫依照每台烤箱脾氣不同，請依使用習慣調整。

II 配方 — Recipe

1. 無鹽奶油放入攪拌缸中，使用槳狀慢速打至軟化。
2. 加入香草醬，攪拌均勻。 
3. 加入過篩後的糖粉攪拌至乳白色。 
4. 分次加入全蛋。 
5. 低筋麵粉、蔬果粉混合過篩。 
6. 確實過篩。 
7. 加入過篩好的粉類，使用槳狀慢速攪拌均勻。 
8. 打至成糰。 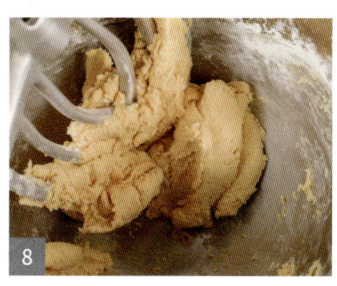
9. 壓好厚度，做好造型，放入烤箱上下火 170℃ 烤 25 分上色即可。

皇室糖霜製作

重量 打好約 520 公克

公克 g	
wilton 蛋白粉	34
日正糖粉	415
飲用水	74
合計	523

紅色色膏　　　檸檬黃色色膏

TIP

> 必須使用飲用水，不需再次加熱，需用可食用飲用水製作。

> 建議打至硬糖霜再加色膏調色，最後再額外加飲用水調至到想要的軟硬度。

> 調色建議使用色膏會較好操作，每次使用牙籤取一點加入。

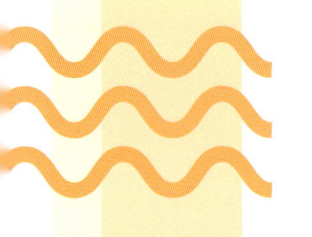

II 配方 — Recipe

◆◆◆ 蛋白霜作法

1. 蛋白粉、糖粉過篩。 
2. 確實過篩。 
3. 放入攪拌缸中，加入飲用水。 
4. 使用槳狀拌打器。 
5. 打到不會流動，當作糖霜固定外框。

◆◆◆ 蛋白霜調色

6. 取部分糖霜，加入色膏。 
7. 使用刮刀拌勻。 
8. 調整至需要的顏色。

和菓子皮製作 & 餡料製作

◆◆◆ 和菓子皮公克 g

白豆沙餡	300
白玉粉	7.5
水	4.5
合計	312

白玉粉

◆◆◆ 香濃芝麻花生餡公克 g

白豆沙餡	203
花生醬	90
芝麻醬	10
合計	303

◆◆◆ 焙茶乳酪餡公克 g

白豆沙餡	205
安佳奶油乳酪	32
焙茶粉	13
合計	250

◆◆◆ 抹茶乳酪餡公克 g

白豆沙餡	207
安佳奶油乳酪	32
抹茶粉	15
合計	254

TIP

> 和菓子皮可以一次製作 2～3 倍份量，保存期限：冷凍可保存 1 週、冷藏可放 4 天。

> 餡料材料混合即可使用。

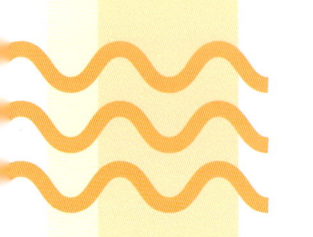

II 配方 — Recipe

1. 白玉粉加入水。 
2. 攪拌均勻。 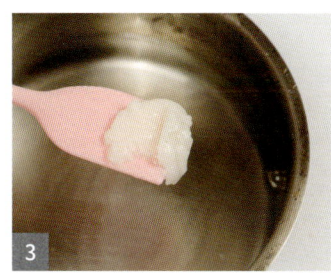
3. 煮一鍋水，水滾撥小塊加入煮熟。 
4. 取白豆沙餡，加入蒸好的麻糬。 
5. 壓拌均勻。 
6. 完成和菓子皮。

戚風蛋糕體製作

- 數量　3 顆 8 吋
- 重量　每顆 550 公克
- 烤溫　上下火 180 / 160℃
- 時間　上色關上火續烤至 40 分

材料① / 公克 g

蛋黃	270
細砂糖	100
橘子水	130
沙拉油	100
合計	**600**

材料③ / 公克 g

蛋白	535
鹽	2
塔塔粉	1
細砂糖	234
合計	**772**

材料② / 公克 g

低筋麵粉	291
泡打粉	3
合計	**294**

> **TIP**
> - 爐溫依照每台烤箱脾氣不同，請依使用習慣調整。
> - 蛋白判斷很重要，打至濕性發泡，鳥嘴形狀即可。

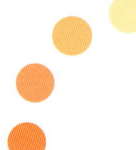

II 配方 — Recipe

45

◆◆◆

1 蛋黃加入細砂糖拌勻。	 2 加入橘子水。	 3 攪拌均勻。
 4 加入沙拉油。	 5 攪拌均勻。	 6 加入篩好的低筋麵粉、泡打粉。
 7 攪拌均勻。	 8 拌至看不到粉。	 9 完成蛋黃糊。

II 配方 — Recipe

10 蛋白、鹽、塔塔粉放入攪拌缸中,打至起泡,加入細砂糖打至 7 分發。

11 取 1/3 的蛋白霜加入蛋黃糊中。

12 倒入蛋黃糊中。

13 拌勻至滑順。

14 每顆 550 公克。

15 表面抹平,上下火 180/160℃,烤上色關上火續烤至 40 分。

16 出爐,倒蓋放在置涼架上,冷卻後脫模。

17 可使用活動模,會較好脫模。

18 完成。

47

III
翻糖蛋糕裝飾

Fondant icing cake

森林系動物

數量 1 顆 6 吋蛋糕

公克 g	
白蘭地水果蛋糕	1 顆
白色翻糖	180
咖啡色翻糖	310
紅色翻糖	60
黃色翻糖	100
綠色翻糖	26

所需製作配件	
①蘑菇屋	1 個
②刺蝟	3 隻
③柵欄	1 個
④樹幹	1 個
⑤松鼠	1 隻
⑥瓢蟲	2 隻
⑦蘑菇	4 個
⑧花朵	2 朵
⑨小鹿	1 隻
⑩草地	1 個
⑪松果葉子	數個

Ⅲ 翻糖蛋糕裝飾 — Fondant icing cake

①蘑菇屋

> **TIP**
>
> › 也可以將蘑菇屋的紅色換成其他色系做變換，做出不同顏色感覺的蘑菇屋。
>
> › 小花的顏色可以依照喜歡做變換，也可以多種色系搭配。

屋身公克 g	
白色	45
紅色	0.1
黃色	0.2

屋頂公克 g	
白色	3
紅色	45

門公克 g	
白色	8
紅色	0.5
黃色	1.6
咖啡色	0.6

門框公克 g	
白色	4
紅色	0.2
黃色	0.8
咖啡色	0.5

門階公克 g	
紅色	0.4
咖啡色	0.9

深綠藤蔓公克 g	
黃色	0.2
綠色	0.8
咖啡色	0.4

淺綠藤蔓公克 g	
白色	1
黃色	0.5
綠色	0.2

小花公克 g	
白色	0.2
紫色	0.2

III 翻糖蛋糕裝飾 —— Fondant icing cake

1 取屋頂紅色翻糖，使用紙模切出形狀。

2 製作白色圓片大小顆，並貼在屋頂上。

3 屋身三種顏色翻糖混合，依照紙模做出蘑菇屋身。

4 取門的咖啡色3克，壓扁，使用壓模切割。

5 混合門的白、紅、黃翻糖，依照紙模做出門，貼上愛心使用工具畫出木紋。

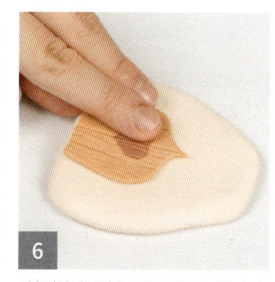

6 將做好的門刷上飲用水貼在屋身上。

7 取門的咖啡色2.5克兩個，搓長。

8 其中一端捲起。

9 混合門階翻糖，依照紙模做出門階，使用工具畫出木紋。

10 使用壓模壓出小花。

11 將深綠、淺綠藤蔓材料混合，搓成長條狀，捲起。

12 照圖組合起來。

53

◆◆◆ ②刺蝟

TIP
> 刺蝟皮膚的顏色可以調整黃色的使用量，做出不同色系的膚色，可讓整體作品的層次感更加豐富多元。

皮膚公克 g	
白色	15
紅色	0.2
黃色	0.1

刺公克 g	
咖啡色	10

表情公克 g	
黑色	適量
紅色	適量

Ⅲ 翻糖蛋糕裝飾 — Fondant icing cake

1
皮膚顏色混合，
約取 6 克，
搓圓，使用工具塑形。

2
捏出鼻子。

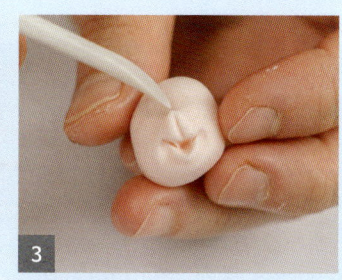

3
畫出嘴巴。

4
取膚色 8 克搓圓做出身體，
取刺的咖啡色，壓扁貼上，
用剪刀剪出刺的形狀。

5
黏上鼻子。

6
貼上舌頭。

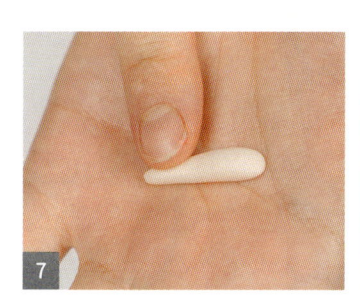

7
取 0.1 克搓長。

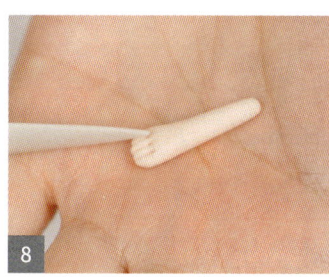

8
使用工具壓出線條。

9
照圖組合起來。

55

◆◆◆ ③柵欄　⑥瓢蟲
　　　④樹幹　⑦蘑菇

TIP

> 小花顏色可以依照喜好調整顏色。

> 瓢蟲可依照放的位子不同，做出不同大小的瓢蟲搭配。

> 蘑菇的大小可以依照不同位子變換。

使用壓模壓出小花。

依照圖片做出瓢蟲。

柵欄公克 g	
木頭 - 白色	1.2
木板 - 白色	0.8

裝飾公克 g	
黃色	適量
綠色	適量

樹幹公克 g	
樹皮 - 咖啡色	280
木輪 - 白色	40
木輪 - 紅色	1
木輪 - 黃色	1
木輪 - 咖啡色	2

瓢蟲公克 g	
紅色	1
黑色	0.5
白色	適量

蘑菇公克 g	
紅色	2
蘑菇梗 - 白色	3
蘑菇梗 - 黃色	0.2
蘑菇梗 - 紅色	0.1
蘑菇白點 - 白色	0.2

III 翻糖蛋糕裝飾 ── Fondant icing cake

1. 取木頭白色，搓成圓柱狀，使用工具畫出木紋。

2. 圓底也要畫出木紋。

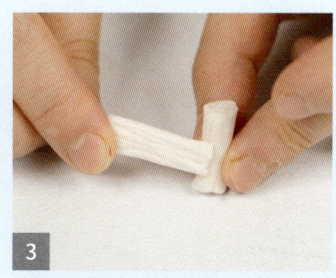

3. 取木板白色，做成長方形，使用工具畫出木紋，組合。

4. 取樹皮擀成長方形，使用工具畫出木紋。

5. 取木紋翻糖混合成淺咖啡，壓扁做出圓片狀，使用工具畫出木紋。

6. 披覆在挖好洞的蛋糕體，確實壓緊實。

7. 取蘑菇紅色，做出圓頂。

8. 取蘑菇梗翻糖混合成淺黃，取 1 克壓成圓片狀，使用工具畫出紋路。

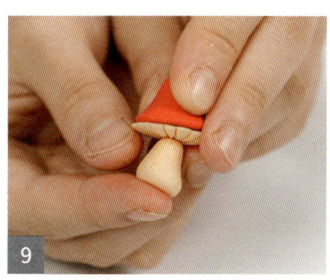

9. 取蘑菇梗 2.3 克搓成圓柱，組合。

57

◆◆◆ ⑤松鼠

松鼠公克 g	
皮膚 - 白色	15
皮膚 - 紅色	0.2
皮膚 - 黃色	0.1
毛色 - 紅色	2.6
毛色 - 黃色	2
毛色 - 咖啡色	4

松果公克 g	
咖啡色	0.8
底部淺色 - 白色	0.8
底部淺色 - 黃色	0.1
底部淺色 - 咖啡色	0.2

裝飾公克 g	
葉子 - 白色	1
葉子 - 黃色	0.5
葉子 - 綠色	0.2
紅色	0.2

取松果咖啡色壓扁。

畫出紋路。

混合淺色翻糖，搓圓，組合。

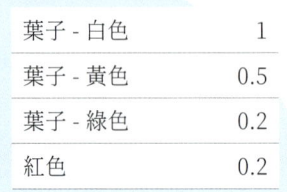

混合葉子翻糖，搓長，使用工具畫出紋路。

取適量混合好綠色，搓長條狀組合。

使用工具畫出紋路。

III 翻糖蛋糕裝飾 — Fondant icing cake

1 混合膚色翻糖，取 3 克壓扁，畫出圖形。

2 混合毛色翻糖，取 6 克搓圓，貼上膚色。

3 使用工具做出嘴巴。

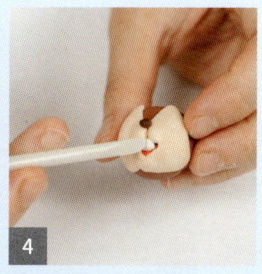

4 黏上鼻子、舌頭、牙齒。

5 做出眼睛，貼上。

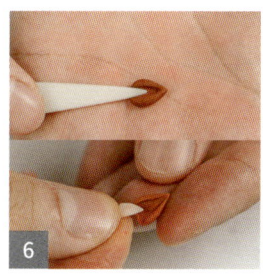

6 取 0.2 克毛色翻糖做出耳朵，貼上內耳。

7 在適當的位子黏上耳朵。

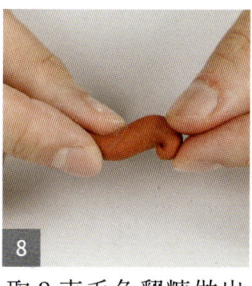

8 取 2 克毛色翻糖做出尾巴。

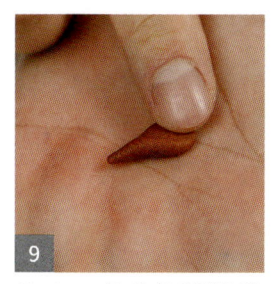

9 取 0.5 克毛色翻糖做出水滴狀。

10 使用工具畫出紋路。

11 取 3.5 克毛色翻糖做出身體。

12 照圖組合起來。

59

◆◆◆ ⑧花朵

⑨小鹿

花朵公克 g	
白色	0.5
黃色	1
紅色	0.5
綠色	1

小鹿公克 g	
咖啡色	0.2
淺咖啡色 - 白色	8
淺咖啡色 - 黃色	4
淺咖啡色 - 紅色	4
淺咖啡色 - 咖啡色	4
膚色	2

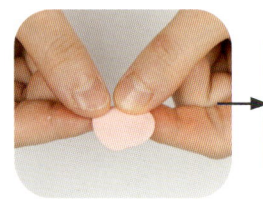

取白色、黃色混合粉色壓成圓片狀。

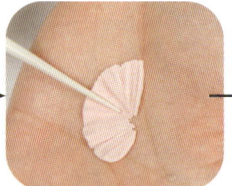

使用工具壓出紋路。

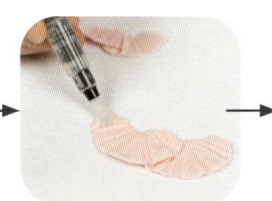

製作約 5～6 片，使用水筆黏起。

捲起成花朵狀。

取咖啡色搓長。

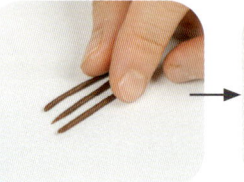

切成 3 條。

照圖做出鹿角。

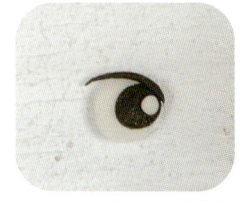

取黑色、白色翻糖做出眼睛。

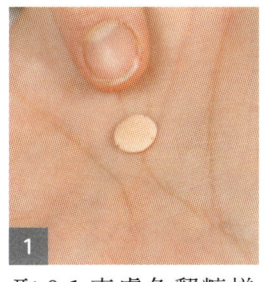

III 翻糖蛋糕裝飾 — Fondant icing cake

1. 取 0.1 克膚色翻糖搓圓壓扁成小圓片。
2. 混合淺咖啡色翻糖，取 5 克搓圓，貼上小圓片。 
3. 取 1 克膚色翻糖搓成圓柱狀，一邊壓平。 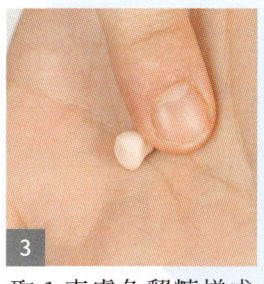
4. 取 0.1 克咖啡色搓成鼻子黏上。 
5. 使用工具壓出紋路。 
6. 取 9 克淺咖啡色翻糖，搓成大水滴狀。 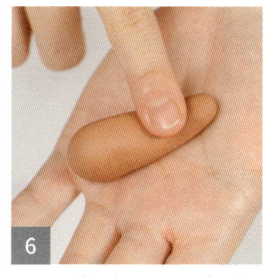
7. 一端壓扁，彎曲做出脖子。 
8. 使用工具整形。 
9. 使用工具畫出大腿。 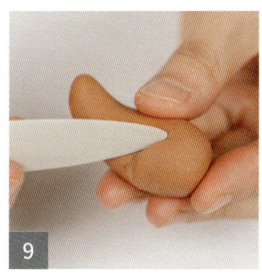
10. 取 0.6 克淺咖啡色翻糖做出腳，再取咖啡色 0.1 克黏上。 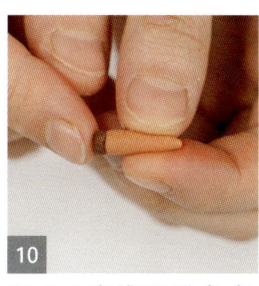
11. 使用工具壓出紋路。 
12. 照圖組合起來。 

61

海洋世界

數量 1 顆 6 吋蛋糕

公克 g	
白蘭地水果蛋糕	1 顆
白色翻糖	650
咖啡色翻糖	30
紅色翻糖	30
黃色翻糖	20
綠色翻糖	5
黑色翻糖	1
藍色翻糖	85

所需製作配件	
①帆船	1 個
②小熊	1 隻
③海浪	數個
④船繩	4 組
⑤貝殼	1 個
⑥船舵	1 個
⑦海豚	2 隻
⑧蛋糕底	1 個
⑨烏龜	1 隻
⑩珊瑚	數個
⑪海藻	數個
⑫小魚	4 隻

Ⅲ 翻糖蛋糕裝飾 — Fondant icing cake

◆◆◆ ①帆船
③海浪
⑥船舵

TIP
> 帆船的條紋配色可以依照喜歡做更換，也可以做不同的色系讓整體更有變化。

船體公克 g	
白色	2
紅色	22
藍色	3

帆公克 g	
白色	12
藍色	12

條紋公克 g	
紅色	5
藍色	5
淺藍 - 白色	5
淺藍 - 藍色	0.1

船舵公克 g	
白色	8
黃色	1
咖啡色	0.5

旗子公克 g	
白色	1
牙籤	1 支

海浪公克 g	
淺藍 - 白色	1
淺藍 - 藍色	0.3
淡藍 - 白色	1
淡藍 - 藍色	0.5

取白色做三角形、圓球，照圖組合。

Ⅲ 翻糖蛋糕裝飾 — Fondant icing cake

1. 取船體18克紅色翻糖，捏成兩端尖尖的圓柱狀。

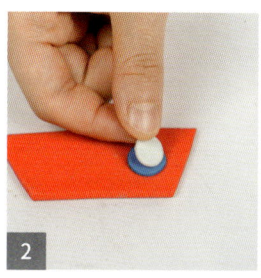

2. 取2克紅色畫出梯形，取藍色和白色做出圓片狀，貼上。

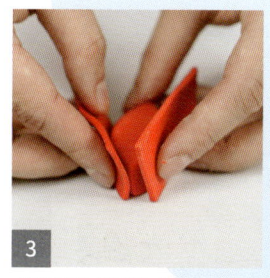

3. 梯形片狀黏在圓柱狀外圍。

4. 兩端捏緊。

5. 取條紋淺藍翻糖混合，做出條狀，刷上飲用水。

6. 黏在做好造型的白色帆上。

7. 一樣手法做出藍色和紅色的條紋。

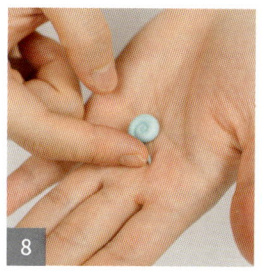

8. 取海浪淺藍翻糖混合搓長捲起，同樣手法做出數個。

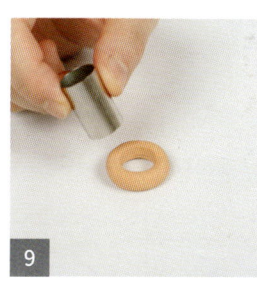

9. 混合船舵翻糖取7克搓成圓球壓扁，使用壓模壓出空洞。

10. 取1克搓長條，依照圖片擺放，剪掉多餘的部分。

11. 再做出小圓球黏上。

12. 照圖組合起來。

65

◆◆◆ ②小熊
⑪海藻

小熊公克 g

咖啡色 - 白色	13
咖啡色 - 黃色	0.5
咖啡色 - 咖啡色	0.5
淺咖啡色 - 白色	8
淺咖啡色 - 黃色	0.1
淺咖啡色 - 咖啡色	0.1

衣服公克 g

身體 - 白色	5.5
袖子 - 白色	2
袖口 - 藍色	0.2
領子 - 紅色	0.2
領子 - 藍色	0.3
帽子 - 白色	1
帽子 - 藍色	0.2

海藻公克 g

綠色	2
淺綠 - 白色	5
淺綠 - 綠色	1
淺綠 - 黃色	2.5

混合淺綠翻糖，搓長。 使用工具壓扁。 畫出紋路。

捲起。 整條都捲成螺旋狀。  同樣手法做出綠色的。

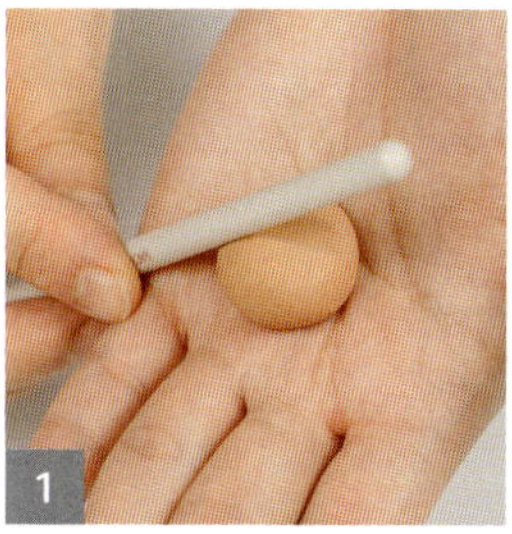

Ⅲ 翻糖蛋糕裝飾 ― Fondant icing cake

1 混合小熊咖啡色翻糖，取 8 克使用工具壓出造型。

2 做出小熊的頭部。

3 取咖啡色 0.5 克搓圓壓出洞。

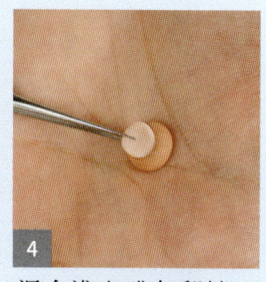

4 混合淺咖啡色翻糖，取 0.1 克壓成圓片狀黏上。

5 取身體白色 5.5 克做出圓柱狀。

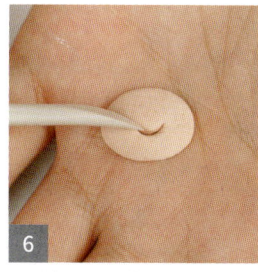

6 取淺咖啡色 0.6 克壓成橢圓片狀，畫出嘴巴紋路。

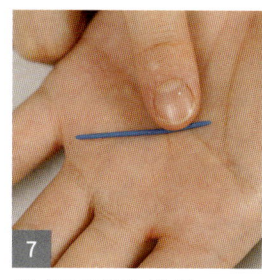

7 取領子藍色搓長。

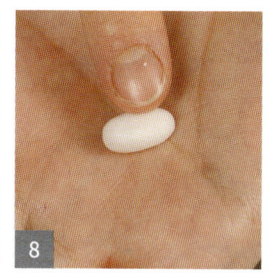

8 取帽子白色 0.8 克，搓成圓柱體。

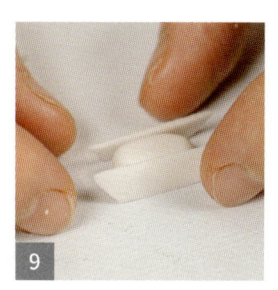

9 取帽子白色 0.1 克做出梯形兩片，照圖做出帽子。

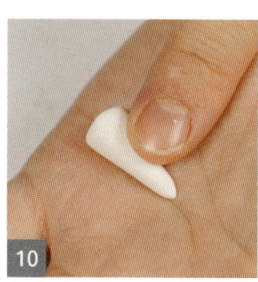

10 取袖子白色 1 克，搓成水滴狀。

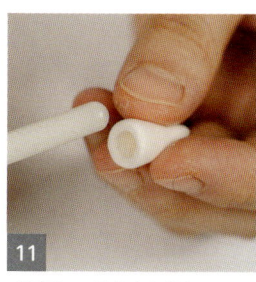

11 使用工具壓出洞。

12 照圖組合起來。

67

◆◆◆ ⑤貝殼
⑦海豚

貝殼公克 g	
珍珠 - 白色	4
上殼 - 白色	15
下殼 - 白色	22
銀粉	適量

海豚公克 g	
灰藍 - 白色	10
灰藍 - 藍色	0.1
灰藍 - 黑色	0.3
淺灰 - 白色	10
淺灰 - 藍色	0.1
淺灰 - 黑色	0.1

取上殼搓圓。  → 壓扁。  → 壓出凹洞。  → 使用工具畫出紋路。

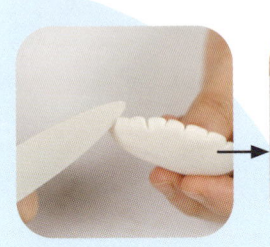

使用工具做出邊緣。 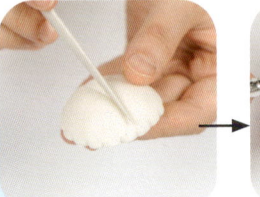 → 背面也一樣畫出紋路。 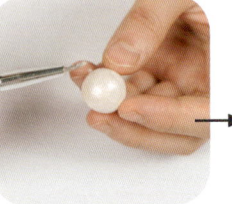 → 取珍珠翻糖搓圓，刷上銀粉。  → 下殼一樣手法製作，依照圖組合。

68

III 翻糖蛋糕裝飾 — Fondant icing cake

1. 混合海豚灰藍翻糖，取 10 克搓圓。 
2. 搓成水滴狀，壓出頭部。 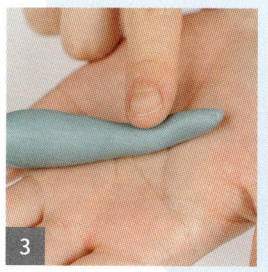
3. 尾端搓尖。
4. 壓扁。 
5. 剪刀剪成兩片。 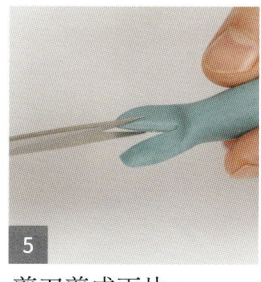
6. 捏尖。 
7. 使用工具畫出紋路。  
8. 混合海豚淺灰翻糖取 2.3 克，搓成兩端尖水滴狀壓扁。 
9. 照圖黏起。 
10. 做出嘴巴。 
11. 取灰藍 0.1 克做出魚鰭黏上。 
12. 照圖組合起來。

69

◆◆◆ ⑨烏龜
⑫小魚

烏龜公克 g	
殼 - 綠色	4
淺綠 - 白色	5
淺綠 - 黃色	2.5
淺綠 - 綠色	1

小魚公克 g	
橘 - 白色	2.5
橘 - 紅色	0.1
橘 - 黃色	0.2
淺橘 - 白色	1.5
淺橘 - 紅色	0.1
淺橘 - 黃色	0.2

TIP

> 小魚的顏色可以自行改變配色，例如紫色、粉色等等。

> 眼睛的做法請參考圖片製作。

> 龜殼的紋路可以參考實際烏龜的龜殼製作。

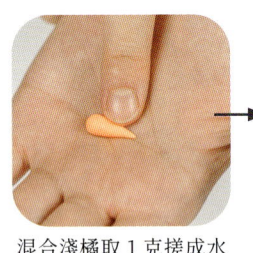

混合淺橘取 1 克搓成水滴狀。

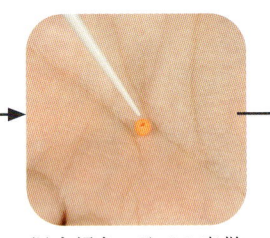

混合橘色，取 0.1 克做出嘴巴。

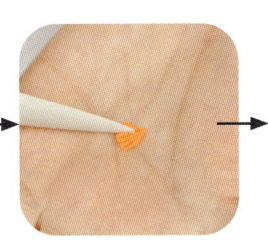

取 0.1 克做出魚鰭。

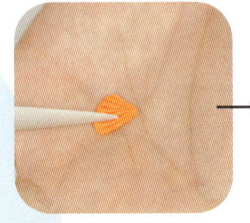

取 0.1 克做出魚鰭。

取 0.1 克做出魚鰭。

依照圖組合。

Ⅲ 翻糖蛋糕裝飾 — Fondant icing cake

1. 混合烏龜淺綠翻糖，取 6.2 克使用工具壓出紋路。

2. 做出嘴巴凹槽。

3. 壓出嘴巴。

4. 取 1 克做出鼻子。

5. 貼上舌頭。

6. 做出眼睛貼上。

7. 取綠色翻糖 4 克做出半圓。

8. 使用工具畫出紋路。

9. 畫出龜殼紋路。

10. 取淺綠翻糖 0.2 克搓成圓柱狀。

11. 一端壓扁做出手。

12. 照圖組合起來。

71

◆◆◆ ④船繩
⑧蛋糕底
⑩珊瑚

船繩公克 g	
灰色 - 白色	10
灰色 - 黑色	0.2
咖啡色 - 白色	10
咖啡色 - 黃色	1
咖啡色 - 咖啡色	2

蛋糕底公克 g	
披覆 - 白色	300
披覆 - 藍色	6
外層海浪 - 藍色	50
內層海浪 - 白色	80
內層海浪 - 藍色	3

珊瑚 - 紫色公克 g	
白色	5
紅色	0.2
藍色	0.1

珊瑚 - 黃色公克 g	
白色	5
黃色	0.2

珊瑚 - 橘色公克 g	
白色	5
紅色	0.2
黃色	0.4

珊瑚 - 粉色公克 g	
白色	8
紅色	0.1

混合顏色後搓成水滴狀。

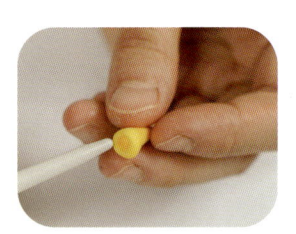

使用工具搓出凹槽。

製作 4～5 個沾上飲用水，照圖組合。

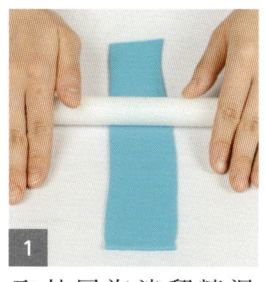

III 翻糖蛋糕裝飾 — Fondant icing cake

1. 取外層海浪翻糖混合，擀長。 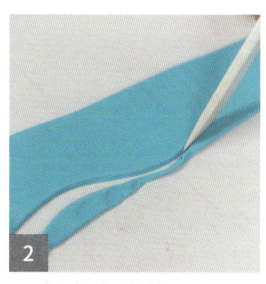
2. 切割出海浪狀。 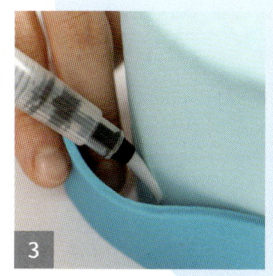
3. 將淺藍色披覆在蛋糕上，使用水筆貼上外層海浪。 
4. 記得要先刷上飲用水不然會黏不住。 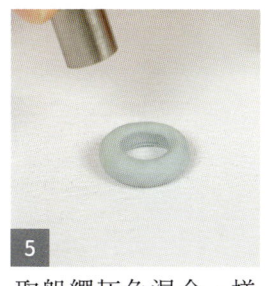
5. 取船繩灰色混合，搓成圓球壓扁，使用模具壓出洞。 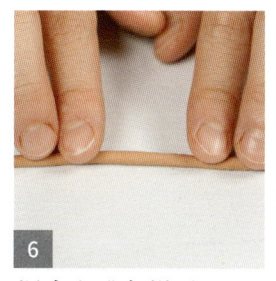
6. 混合咖啡色搓長。 
7. 兩條捲在一起。 
8. 照圖組合起來。 
9. 取紫色翻糖，擀成長方形。
10. 對折。 
11. 捲起成波浪狀。  
12. 照圖組合起來。

73

魔幻馬戲團

數量 1 顆 6 吋蛋糕

公克 g	
白蘭地水果蛋糕	1 顆
白色翻糖	75
紅色翻糖	65
黃色翻糖	10
黑色翻糖	25
粉色翻糖	1
藍色翻糖	10
淺橘翻糖	20
咖啡色翻糖	10
淺紫翻糖	0.5
紫色翻糖	1
橘色翻糖	16
淺藍翻糖	113
深藍翻糖	150
淺黃翻糖	7
橘黃翻糖	75
膚色翻糖	10

所需製作配件	
①帳篷	1 個
②大象	1 隻
③彩球	數個
④獅子	4 組
⑤台階	1 個
⑥柱子	1 個
⑦兔子	2 隻
⑧蛋糕底	1 個
⑨小丑	1 隻

Ⅲ 翻糖蛋糕裝飾 — Fondant icing cake

75

◆◆◆ ①帳篷
⑥柱子

帳篷公克 g	
白色	50
紅色	21
黃色	3
黑色	5

柱子公克 g	
白色	3
紅色	4
黃色	2
藍色	1
鐵絲	1 支

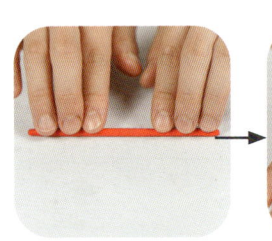

取柱子紅色 3 克搓長。

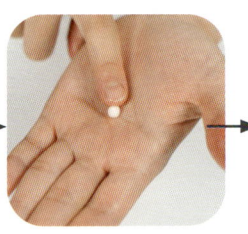

0.1 克柱子白色搓圓。

取 2.5 克白色搓長繞在紅色柱子上。

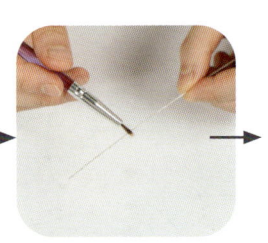

鐵絲沾水。

取白色 0.4 克包住。

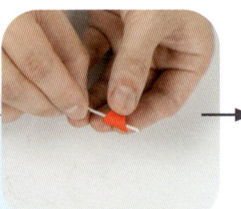

取紅色 0.1 克做成三角形，包在鐵絲上。

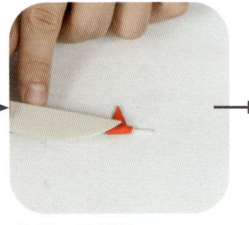

使用工具輔助。

固定好。

76

III 翻糖蛋糕裝飾 — Fondant icing cake

1. 取帳篷白色擀厚度約0.5公分。
2. 依照紙模切出形狀。 
3. 紅色擀扁照紙模切出形狀。 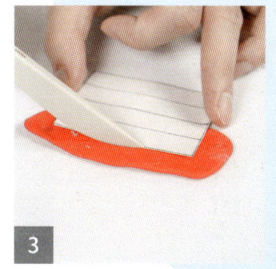
4. 白色帳篷抹上飲用水貼上紅色紋路。 
5. 使用壓模壓出形狀。 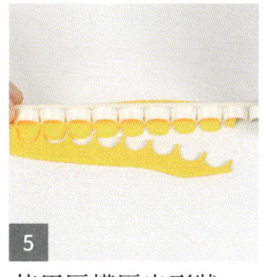
6. 平的那端切平。 
7. 取紅色做出扇形。 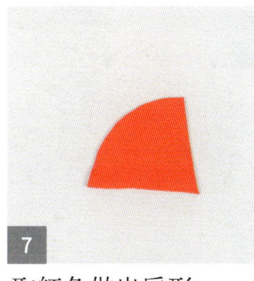
8. 使用工具做出皺褶布幔狀。 
9. 層層交錯疊起。 
10. 取紅色搓出兩端尖尖的,用工具畫出紋路。 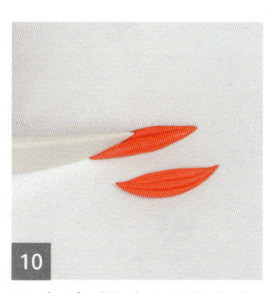
11. 彎起。 
12. 照圖組合起來。 

77

②大象

TIP
> 裝飾的翻糖顏色可以隨著自己的喜好，或者是剩餘的翻糖隨意搭配，做出獨一無二的帽子裝飾。

大象公克 g	
灰色 - 白色	17
灰色 - 黑色	1
耳朵 - 白色	2
耳朵 - 紅色	0.1

裝飾公克 g	
紅色	1
黃色	0.1
藍色	0.1

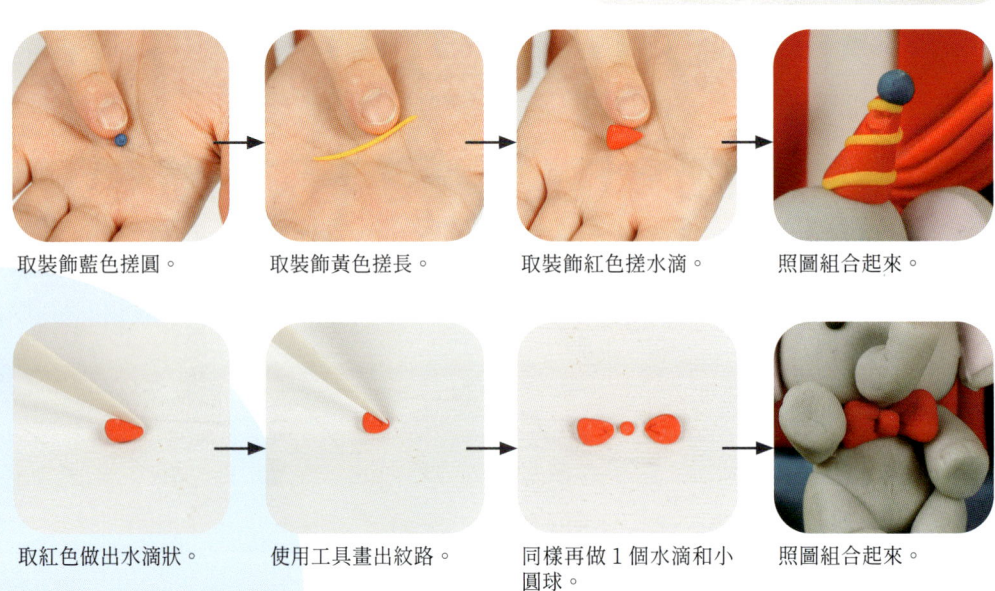

取裝飾藍色搓圓。

取裝飾黃色搓長。

取裝飾紅色搓水滴。

照圖組合起來。

取紅色做出水滴狀。

使用工具畫出紋路。

同樣再做1個水滴和小圓球。

照圖組合起來。

78

Ⅲ 翻糖蛋糕裝飾 — Fondant icing cake

1	2	3	4
混合大象灰色翻糖，取 8 克使用工具壓出紋路。	做出大象頭部。	取灰色 6 克搓成水滴狀。	做出大象身體。

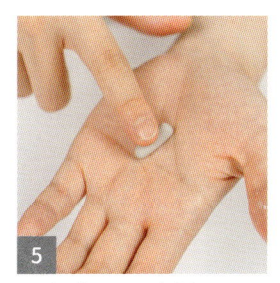

5	6	7	8
取灰色 0.4 克搓長。	使用工具畫出紋路，做出鼻子。	取灰色 0.6 克做出手的造型，使用工具畫出紋路。	取灰色 1.2 克做出腳的造型，使用工具畫出紋路。

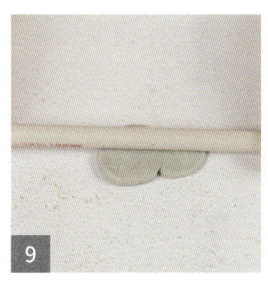 9	10	11	12
取灰色 0.8 克，做出兩個一大一小圓，壓扁。	切掉一邊做出耳朵。	同樣手法混合耳朵翻糖做出內耳。	照圖組合起來。

79

◆◆◆ ④獅子
　　　⑤台階

獅子公克 g	
淺橘色 - 白色	20
淺橘色 - 黃色	2
淺橘色 - 紅色	0.1
嘴巴 - 白色	2
嘴巴 - 紅色	0.1
鬃毛 - 咖啡色	9

台階公克 g	
白色	4
紅色	7

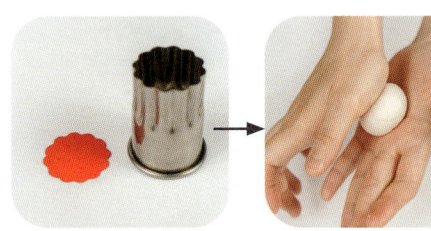

取台階紅色壓出形狀。

取白色搓圓微壓扁。

使用工具整形。

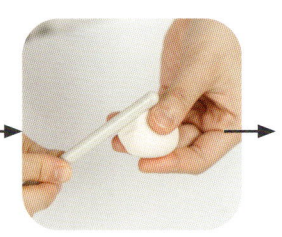

慢慢壓出圓柱狀。

上窄下寬。

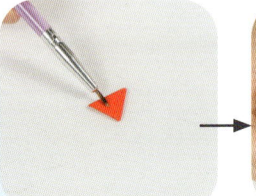

取剩餘紅色做出三角形，刷上飲用水。

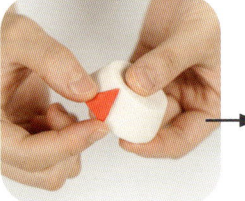

黏在白色台階上。

最上面放上壓好圓片。

80

III 翻糖蛋糕裝飾 — Fondant icing cake

1. 取咖啡色壓出圓片。

2. 使用工具做出邊緣紋路。

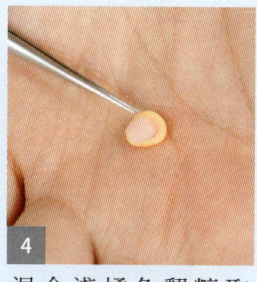

3. 再用工具畫出毛。

4. 混合淺橘色翻糖取0.1克壓扁，貼上混合好的嘴巴翻糖0.1克組合。

5. 取淺橘7.5克使用工具壓出臉部凹槽。

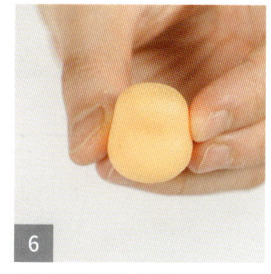

6. 做出獅子頭部。

7. 取淺橘色6.5克搓水滴狀，做出獅子身體。

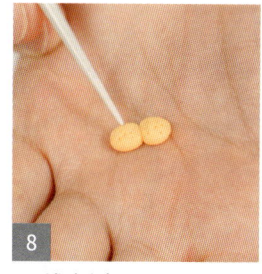

8. 取淺橘色0.1克兩個搓圓用工具搓洞做出鼻子。

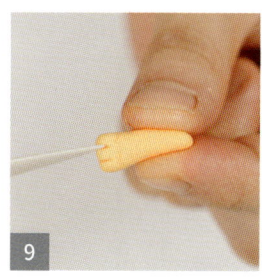

9. 取淺橘色0.4克搓長做出手，用工具畫出紋路。

10. 取淺橘色0.4克搓長做出腳，用工具畫出紋路。

11. 取咖啡色0.2克做出水滴狀尾巴。

12. 照圖組合起來。

◆◆◆ ⑦兔子

兔子公克 g	
白色	10
粉色	0.2
黑色	15
紅色	1

鴿子公克 g	
白色	2

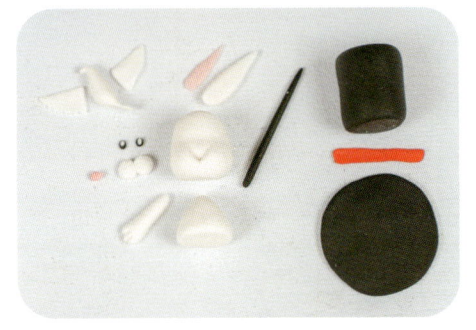

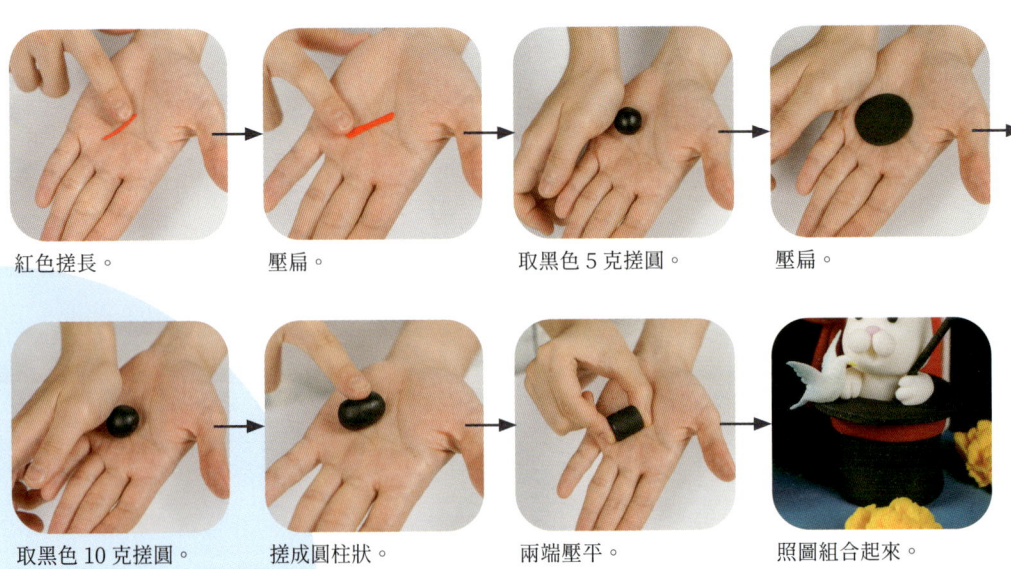

紅色搓長。 → 壓扁。 → 取黑色 5 克搓圓。 → 壓扁。 →

取黑色 10 克搓圓。 → 搓成圓柱狀。 → 兩端壓平。 → 照圖組合起來。

82

III 翻糖蛋糕裝飾 — Fondant icing cake

1. 取白色 6 克用工具壓出臉部凹槽。

2. 做出兔子嘴巴。

3. 取白色 2.5 克搓成水滴狀。

4. 壓成梯形做出兔子的身體。

5. 取白色 0.5 克搓成水滴狀，取粉色一樣手法做出內耳。

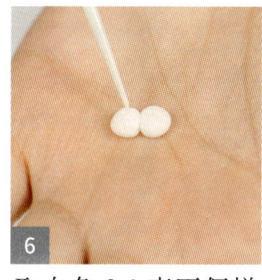

6. 取白色 0.1 克兩個搓成圓球壓扁，用工具搓洞做出鼻子。

7. 取白色 0.5 克做出手，用工具畫出紋路。

8. 取 1.5 克鴿子白色，捏出形狀。

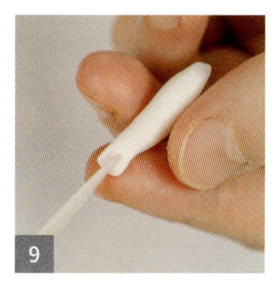

9. 尾部壓扁，用工具畫出紋路。

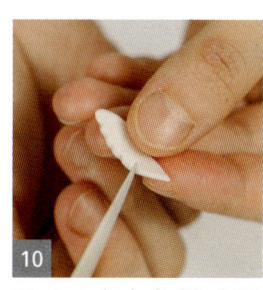

10. 取 0.5 克白色搓成兩端尖壓扁，使用工具壓出邊緣。

11. 切成一半，做出鴿子翅膀。

12. 照圖組合起來。

83

◆◆◆ ③彩球
⑧蛋糕體

彩球公克 g	
紅色	23
黃色	28

蛋糕體公克 g	
淺藍色 - 白色	50
淺藍色 - 藍色	63
深藍色	150
淺黃色	7

TIP

> 星星壓模可以使用任何喜歡的壓模作替換，如果沒有壓模也可以做出圓形片狀，刷上飲用水黏上即可。

III 翻糖蛋糕裝飾 — Fondant icing cake

1. 取淺黃色用壓模壓出星星圖案。
2. 取黃色壓出形狀。 
3. 使用工具壓薄，做出波浪狀。 
4. 一上一下做出皺褶。 
5. 一朵彩球約5片。 
6. 中間沾上飲用水。 
7. 對折。 
8. 再沾上。 
9. 再對折，尖端再沾上飲用水。 
10. 黏在一起成彩球狀。 
11. 紅色搓成兩端尖，用工具畫出紋路，捏成彎曲狀。 
12. 照圖組合起來。

⑨小丑

小丑公克 g

膚色	6	藍色	7
白色	1.5	淺紫色	0.5
紅色	7	紫色	1
黃色	3	橘色	16

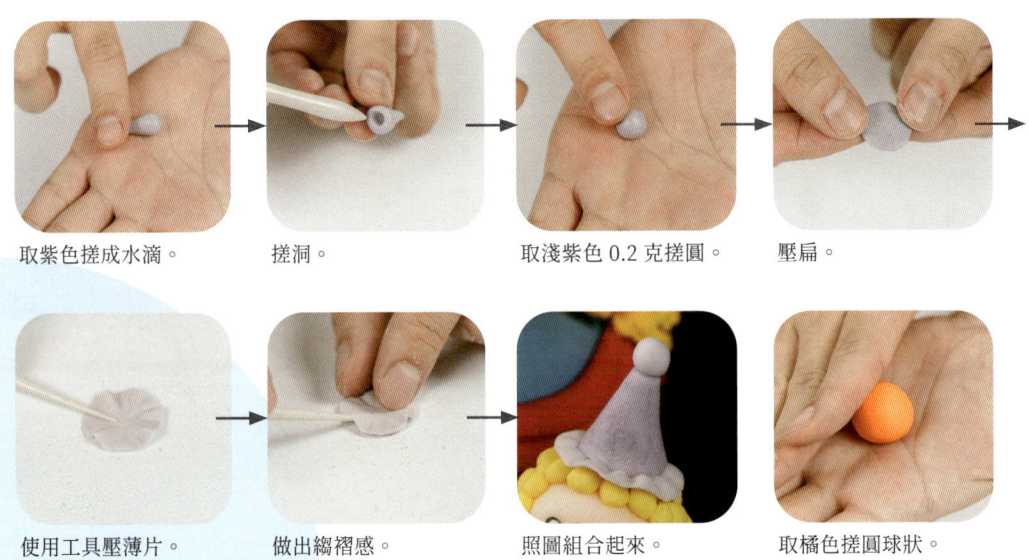

取紫色搓成水滴。

搓洞。

取淺紫色 0.2 克搓圓。

壓扁。

使用工具壓薄片。

做出縐褶感。

照圖組合起來。

取橘色搓圓球狀。

III 翻糖蛋糕裝飾 — Fondant icing cake

1 取白色 0.1 克搓圓壓成圓片狀。

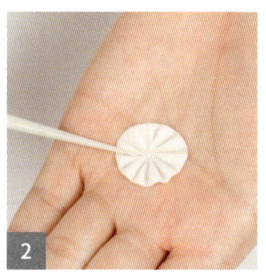

2 用工具畫出紋路。

3 取白色 0.7 克搓成水滴狀，壓扁一端。

4 使用工具畫出紋路。

5 取白色 0.6 克搓成橢圓狀，用工具壓出凹槽。

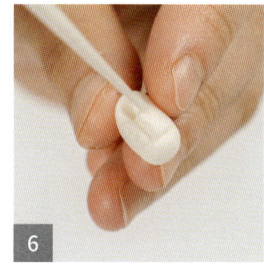

6 畫出鞋子的紋路。

7 取膚色 6 克搓圓，用工具壓出臉部凹槽。

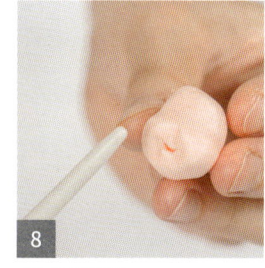

8 做出嘴吧。

9 取紅色 2 克搓長壓出摺痕。

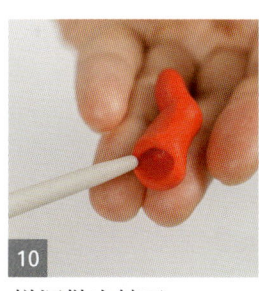

10 搓洞做出褲子。（身體 3 克、手 1 克）

11 取黃色搓出數個圓球狀做成頭髮。

12 照圖組合起來。

87

福爾摩沙

◆◆◆

數量　1 顆 6 吋蛋糕

◆◆◆

公克 g	
白蘭地水果蛋糕	1 顆
白色翻糖	310
紅色翻糖	40
黃色翻糖	15
黑色翻糖	10
藍色翻糖	10
咖啡色翻糖	162
綠色翻糖	2

◆◆◆

所需製作配件	
①藍鵲	2 隻
②地球	1 個
③黑熊	1 隻
④燈籠支架	1 個
⑤水果	數個
⑥梅花	2 組
⑦燈籠	5 個
⑧圍邊	1 個

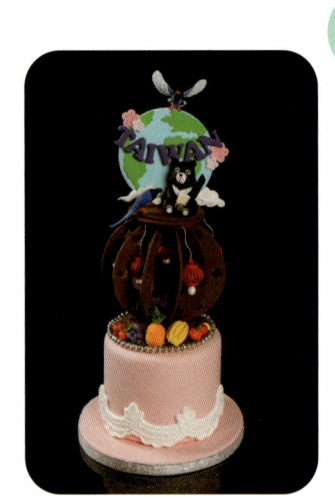

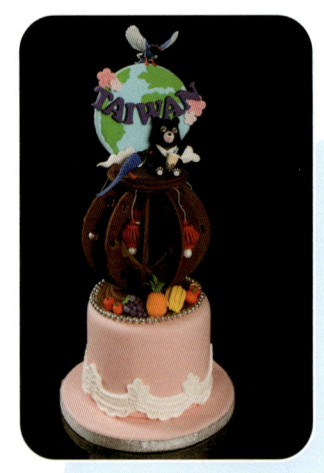

III 翻糖蛋糕裝飾 — Fondant icing cake

89

◆◆◆ ① 藍鵲

藍鵲公克 g			
身體 - 藍色	2.5	嘴巴 - 紅色	0.1
身體 - 黑色	0.6	嘴巴 - 黃色	0.3
翅膀 - 藍色	1	腳 - 紅色	0.1
翅膀 - 白色	1	腳 - 黃色	0.3

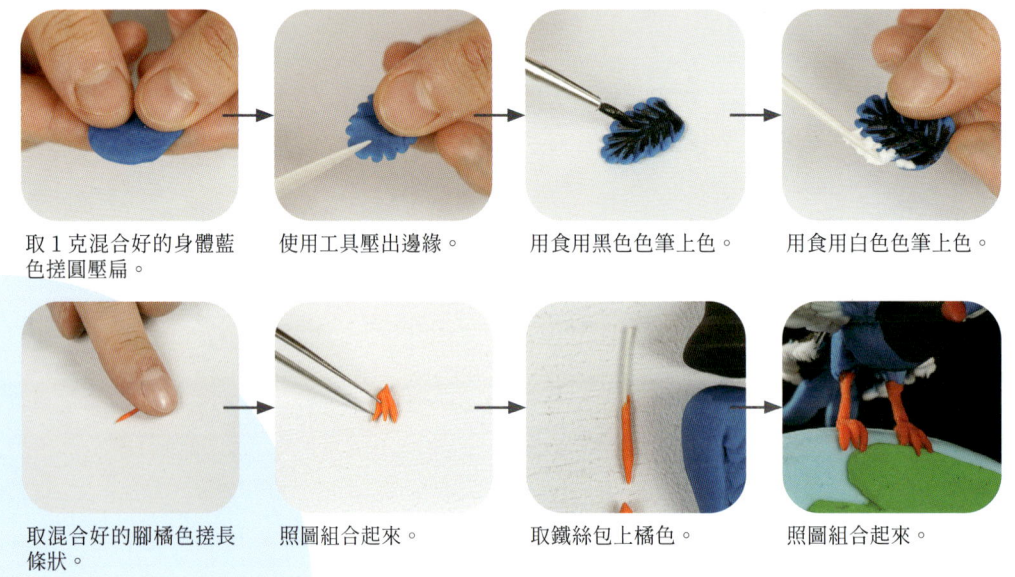

取1克混合好的身體藍色搓圓壓扁。

使用工具壓出邊緣。

用食用黑色色筆上色。

用食用白色色筆上色。

取混合好的腳橘色搓長條狀。

照圖組合起來。

取鐵絲包上橘色。

照圖組合起來。

90

III 翻糖蛋糕裝飾 — Fondant icing cake

1 取混合好身體藍色搓成水滴狀。

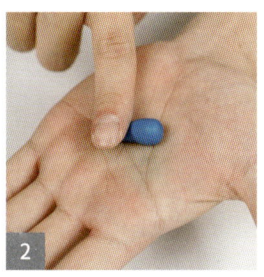

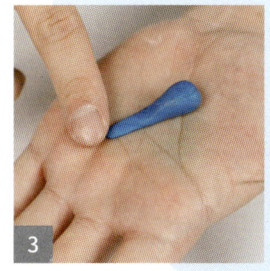

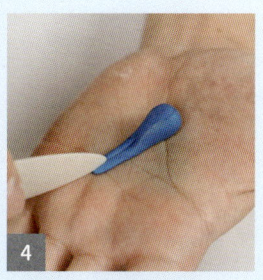

2 一端較尖。

3 壓扁。

4 使用工具壓出紋路。

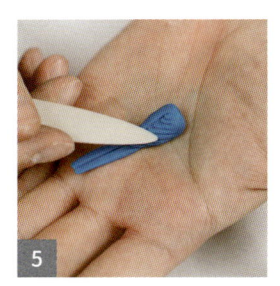

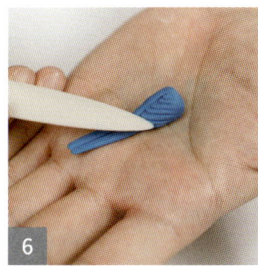

5 再畫出身上羽毛。

6 要照著羽毛生長方式畫出線條。

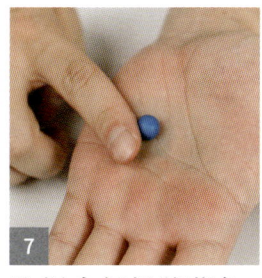

7 取混合好翅膀藍色搓成水滴狀。

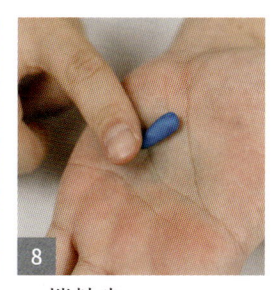

8 一端較尖。

9 壓扁。

10 取白色壓扁刷上飲用水，黏上。

11 使用工具畫出羽毛線條。

12 照圖組合起來。

91

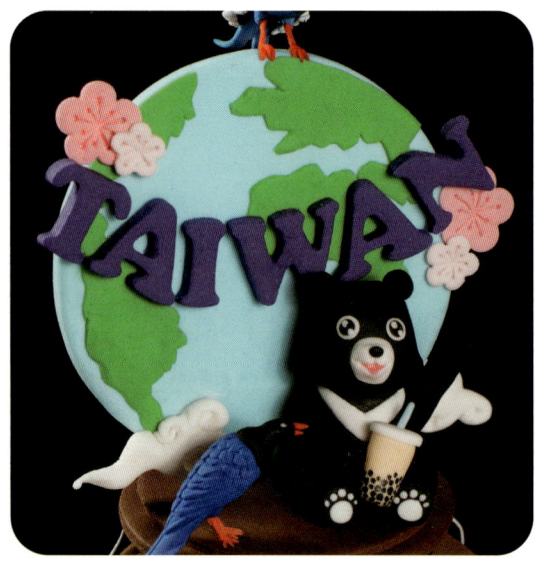

◆◆◆ ②地球
⑦梅花

地球公克 g	
淺藍色 - 藍色	0.5
淺藍色 - 白色	30
淺綠色 - 綠色	1
淺綠色 - 黃色	2
淺綠色 - 白色	4
紫色 - 白色	12
紫色 - 紅色	5.5
紫色 - 藍色	0.5
白色	5

梅花公克 g	
淺粉 - 白色	3
淺粉 - 紅色	0.1
深粉 - 白色	3
深粉 - 紅色	0.3

混合好的淺粉色，壓扁，用模具壓出花形。

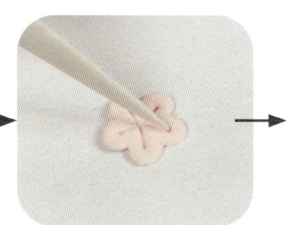

用工具畫出紋路。

畫出梅花的線條。

中心搓洞。

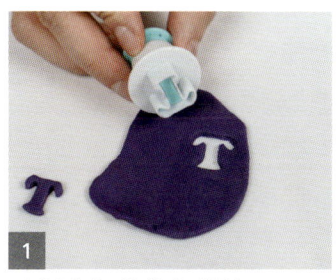

III 翻糖蛋糕裝飾 — Fondant icing cake

1. 取混合好的紫色翻糖，壓扁使用模具壓出字母。

2. 取混合好的淺藍色，切割出圓形，再貼上切割好的綠色陸地。

3. 照圖組合。

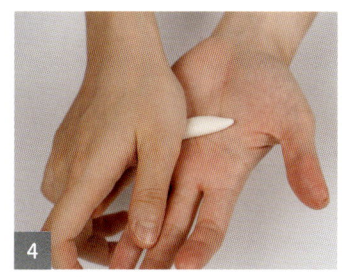

4. 取白色搓成兩端尖。

5. 使用工具做出邊緣。

6. 使用工具畫出紋路。

7. 畫出雲朵螺旋狀。

8. 尾部捲起。

9. 照圖組合起來。

③黑熊

TIP
> 如果沒有食用色筆，也可以使用黑色翻糖搓成小圓球狀，刷上飲用水黏在奶茶色圓柱上。

> 眼睛作法請參考圖片。

黑熊公克 g	
白色	0.9
黑色	18

珍珠奶茶公克 g	
杯蓋 - 白色	1
奶茶 - 咖啡色	0.1
奶茶 - 黃色	0.3
奶茶 - 白色	1
吸管 - 藍色	0.1
吸管 - 白色	0.1

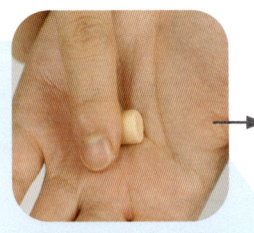

取混合好奶茶色，搓成圓柱狀。  → 用食用黑色色筆畫出珍珠的圖案。 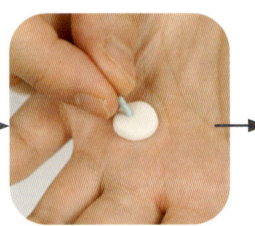 → 取白色做出圓片狀，再用淺藍色做出吸管。  → 照圖組合。

94

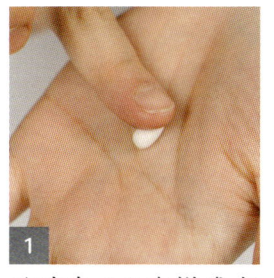

III 翻糖蛋糕裝飾 — Fondant icing cake

1. 取白色 0.3 克搓成水滴狀。 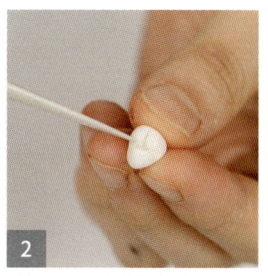
2. 使用工具做出嘴巴和鼻子的紋路。 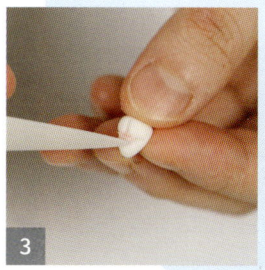
3. 貼上粉色舌頭。 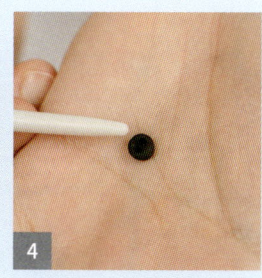
4. 取黑色 0.1 克搓圓球壓出凹洞。 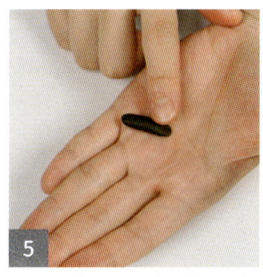
5. 取黑色 0.6 克搓長條狀。 
6. 使用工具畫出紋路做出手。 
7. 取黑色 1.3 克搓長條狀。 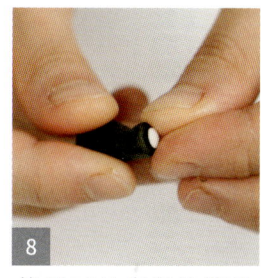
8. 使用工具畫出紋路做出腳，底部貼上白色 0.1 克。 
9. 取黑色 6 克搓圓壓平一端，做出頭部。 
10. 取黑色 8 克搓圓柱狀，兩端壓平做出身體。 
11. 取白色 0.5 克，做出 V 字形。 
12. 照圖組合起來。

95

◆◆◆ ④燈籠支架
⑦燈籠

燈籠支架公克 g	
咖啡色	160

燈籠公克 g	
紅色	5
黑色	0.1

TIP

> 燈籠下方可使用糖珠黏上做裝飾。

> 簍空圖案可依照現有的壓模做出造型,如沒有也可以不做。

依照紙模畫出形狀,再用壓模壓出星星圖案簍空。

照圖組合。

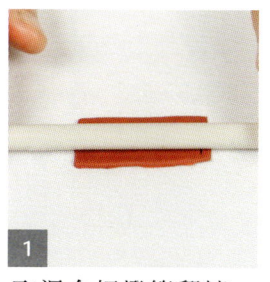

III 翻糖蛋糕裝飾 — Fondant icing cake

1. 取混合好燈籠翻糖，4 克壓成長條狀。

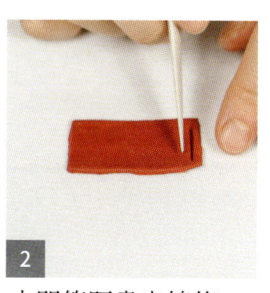

2. 中間等距畫出線條。

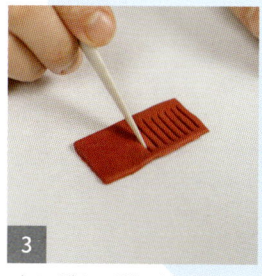

3. 上下留一點不切斷。

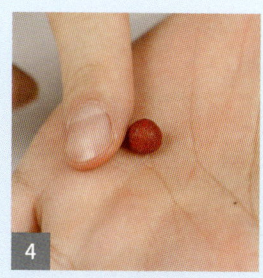

4. 取 0.5 克搓圓。

5. 壓扁。

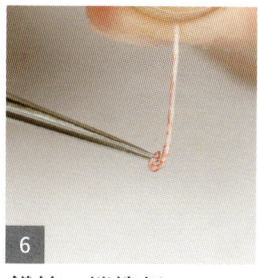

6. 鐵絲一端捲起。

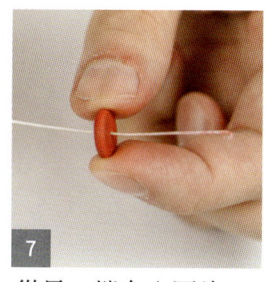

7. 從另一端套入圓片。

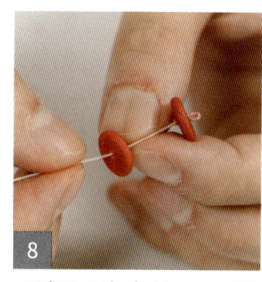

8. 兩個圓片套入，中間留一點空間。

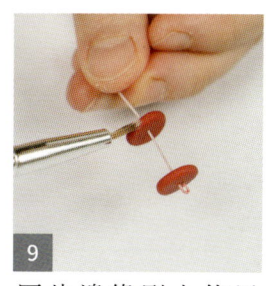

9. 圓片邊緣刷上飲用水。

10. 黏上長條狀。

11. 切掉多餘的。

12. 上下壓做出燈籠。

97

◆◆◆ ⑤水果
⑧圍邊

水果公克 g	
橘子 - 紅色	0.1
橘子 - 黃色	1
蘋果 - 紅色	1
蘋果 - 咖啡色	0.1
鳳梨 - 黃色	5
鳳梨 - 紅色	0.1
香蕉 - 黃色	3.5
葡萄 - 紫色	3
葉子 - 綠色	3

圍邊公克 g	
白色	40

披覆公克 g	
白色	210
紅色	4

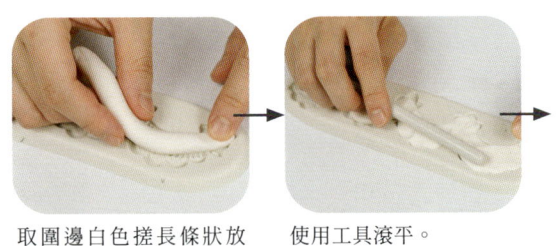

取圍邊白色搓長條狀放入模具。

使用工具滾平。

用手指壓緊實。

取出。

98

III 翻糖蛋糕裝飾 — Fondant icing cake

1. 取黃色搓水滴狀。 
2. 使用工具畫出紋路。 
3. 做出香蕉。 
4. 可再搓長條刷上飲用水黏在上方。 
5. 取橘色搓成圓柱兩端壓平。 
6. 使用工具畫出紋路。 
7. 取綠色搓成水滴,用剪刀剪出葉子。 
8. 刷上飲用水組合。 
9. 取紫色搓出圓球狀組合在圓片上。 
10. 取綠色做出葉子刷上飲用水組合。 
11. 取橘色搓圓用工具搓出表面小洞,取綠色做出葉子組合。 
12. 取紅色搓圓,取咖啡色做出梗組合。

99

IV
造型杯子蛋糕

Cup cake

花舞－豆沙杯子蛋糕

數量 4 個杯子蛋糕

花嘴
花瓣 - 花嘴 104
花瓣 - 花嘴 61
花瓣 - 花嘴 59S
花蕊 - 花嘴 01
花心 - 花嘴 02
花心 - 花嘴 05
葉子 - 花嘴 104

IV 造型杯子蛋糕 ― Cup cake

① 芍藥
② 粉圓菊
③ 蘭盆花
④ 毛茛
⑤ 玫瑰
⑥ 小雛菊
⑦ 牡丹

103

①芍藥

花嘴
花瓣 - 花嘴 104
花蕊 - 花嘴 01
葉子 - 花嘴 104

TIP
> 可以使用糖霜擠花，也可以使用豆沙加入動物鮮奶油調整軟硬度製作，也可以單純使用植物性鮮奶油打發擠製。

1 花嘴 104：擠一個 50 硬幣大小高 1.5 公分平面基底，平均擠出 5 片花瓣。

2 交錯疊在原本的花瓣上，疊約 3 層。

3 越往內，花瓣越小，角度越高，外圍花瓣需往上。

4 約疊 7～8 層。

5 花嘴 01：垂直擠出 0.2 公分高的花心。

6 使用擠花袋裝入花心顏色，剪一小洞，垂直擠出 1 公分高的花心。

7 直到中心擠滿花心。

8 花嘴 104：在花邊緣擠上葉子。

②粉圓菊

花嘴
花瓣 - 花嘴 61
花蕊 - 花嘴 01
花心 - 花嘴 05

TIP
> 可以使用糖霜擠花，也可以使用豆沙加入動物鮮奶油調整軟硬度製作，也可以單純使用植物性鮮奶油打發擠製。

IV 造型杯子蛋糕 — Cup cake

1. 花嘴 61：擠出一個平面的基底。
2. 向外再擠 3 圈。 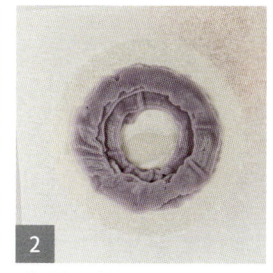
3. 平均分成 6 等份，由內向外擠出花瓣。 
4. 再疊加上去。 
5. 中間再擠一圈當基底。 
6. 同樣方式擠出較小片的花瓣，向內擠出花瓣越中心越小。 
7. 花嘴 05：垂直擠出花蕊。 
8. 花嘴 01：在花心旁邊垂直擠出小片的花心。

③ 蘭盆花

花嘴
花瓣 - 花嘴 102
花心 - 花嘴 01
花心 - 花嘴 02
葉子 - 花嘴 104

TIP
> 可以使用糖霜擠花，也可以使用豆沙加入動物鮮奶油調整軟硬度製作，也可以單純使用植物性鮮奶油打發擠製。

1 花嘴 102：先擠出約 5 元硬幣大小基底，換顏色垂直沿著邊緣擠花瓣。

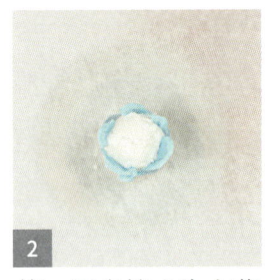

2 第一圈先擠 6 片小花瓣。

3 同樣手法，一層一層往外，越往外越大片。

4 約疊加 5～6 層。

5 可以稍微錯開前後花瓣的位子，增加層次感。

6 花嘴 104：在花邊緣擠上葉子。

7 花嘴 02：在中心擠出一點一點花心。

8 擠滿整個花心。

◆◆◆ ④毛茛

IV 造型杯子蛋糕 ― Cup cake

花嘴

花瓣 - 花嘴 104

TIP
> 可以使用糖霜擠花，也可以使用豆沙加入動物鮮奶油調整軟硬度製作，也可以單純使用植物性鮮奶油打發擠製。

1 花嘴 104：擠一個錐形。

2 貼著錐形，由下往上繞出 3 片花瓣。

3 同樣手法一層一層向外繞。

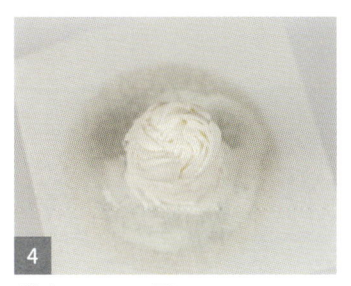

4 約包 5～6 層。

5 平均分三等份，漸漸將花瓣往外，且越往外越大片。

6 同樣手法再疊加 5～6 層。

107

◆◆◆ ⑤迷你玫瑰

花嘴

花瓣 - 花嘴 102

TIP
> 可以使用糖霜擠花，也可以使用豆沙加入動物鮮奶油調整軟硬度製作，也可以單純使用植物性鮮奶油打發擠製。

1 擠一個小錐形。

2 在中心，繞一個圓擠出花心。

3 貼著中心的花心，先擠 3 片花瓣。

4 向外擠，每圈約 3～4 片花瓣。

5 越往外，花瓣越大。

6 越外層的花瓣，角度會越來越平。

7 最後看一下花的形狀是否圓。

8 在花的底部邊緣擠上葉子。

⑥ 小雛菊

花嘴
花瓣 - 花嘴 59S
花心 - 花嘴 01
葉子 - 花嘴 104

TIP
> 可以使用糖霜擠花,也可以使用豆沙加入動物鮮奶油調整軟硬度製作,也可以單純使用植物性鮮奶油打發擠製。

IV 造型杯子蛋糕 — Cup cake

1 先擠一個小圓球。

2 花嘴 01:先將表面點滿花心。

3 高度約 0.2 公分。

4 花嘴 59S:平均擠 5 片花瓣,垂直由下往上擠約 1 公分。

5 交錯疊加,在 2 片花瓣間,向外擠。

6 越往外花瓣越長。

7 約疊加 5～6 層。

8 最後確認花朵是否圓,再補強。

可愛毛寵－糖霜杯子蛋糕

數量 4 個杯子蛋糕

花嘴

花嘴 wilton 16

① 柯基

③ 秋田犬

② 阿拉斯加

④ 紅貴賓

IV 造型杯子蛋糕 — Cup cake

111

◆◆◆ ①柯基

花嘴

花嘴 wilton 16

TIP
> 可以使用糖霜擠花，也可以使用豆沙加入動物鮮奶油調整軟硬度製作，也可以單純使用植物性鮮奶油打發擠製。

1 擠一個圓約 6 公分。

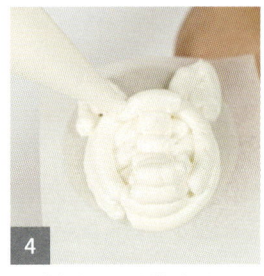

2 照圖擠出耳朵。

3 疊加，做出嘴巴的高度。

4 再做出額頭的高度。

5 最後做好基底。

6 wilton16：沿著毛髮順著擠。

7 側面也要確實。

8 wilton：在基底點上，做出毛的感覺。

112

IV 造型杯子蛋糕 — Cup cake

9 填滿。

10 白色的部分也是。

11 將基底覆蓋住。

12 要注意維持鼻子的高度。

13 做出下巴。

14 同樣手法擠出。

15 耳朵的部分也是同樣手法。

16 耳朵內部也有毛髮，要記得也要擠。

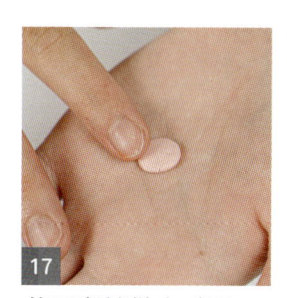

17 使用翻糖做出舌頭。

18 放入嘴巴的位子。

19 使用翻糖做出鼻子。

20 組合。

113

②阿拉斯加

花嘴

花嘴 wilton 16

TIP
> 可以使用糖霜擠花，也可以使用豆沙加入動物鮮奶油調整軟硬度製作，也可以單純使用植物性鮮奶油打發擠製。

1. 照圖做出寬 7.5 公分高 6.5 公分基底。
2. wilton16：照圖先將底色順著邊緣擠上。 
3. wilton16：基底部分點上毛髮。 
4. 整個填滿。 
5. 邊緣地方，擠上底下透出來的毛色會更逼真。 
6. 使用糖霜畫出眼睛。 
7. 做出鼻子高度。 
8. 組合上用翻糖做的內耳和鼻子。

③秋田犬

花嘴

花嘴 wilton 16

TIP
> 可以使用糖霜擠花，也可以使用豆沙加入動物鮮奶油調整軟硬度製作，也可以單純使用植物性鮮奶油打發擠製。

IV 造型杯子蛋糕 — Cup cake

1. 照圖做出寬 8 公分、高 8 公分基底。
2. wilton16：照圖點上毛髮。 
3. 要注意鼻子的高度。 
4. 邊緣也要點滿。 
5. 可以側面看鼻子的高度是否夠。 
6. 使用糖霜畫出嘴巴。 
7. 將用翻糖做的舌頭照圖組合。 
8. 將用翻糖做的眼睛照圖組合。

◆◆◆ ④紅貴賓

花嘴

花嘴 wilton 16

TIP
> 可以使用糖霜擠花，也可以使用豆沙加入動物鮮奶油調整軟硬度製作，也可以單純使用植物性鮮奶油打發擠製。

1 先擠一個圓當基底。

2 再擠出兩邊的耳朵，長 7 公分寬 8 公分。

3 使用 wilton16。

4 將底部擠上一層。

5 順著毛髮直的擠。

6 邊緣也要包覆。

7 切忌邊緣也要擠到。

8 盡量都順著方向擠，才不會毛髮長的方向不同產生違和。

IV 造型杯子蛋糕 — Cup cake

9 做出額頭的高度。

10 可以疊加約 2 層。

11 做出眼睛中間的鼻樑高度。

12 做出鼻子高度。

13 耳朵部分也疊加一層。

14 耳朵疊加可以增加整體立體感。

15 點上毛髮。

16 建議擠短短的。

17 毛髮點在眼窩的部分即可。

18 用翻糖做出鼻子。

19 用翻糖做出眼睛。

20 組合。

117

速食派對 - 翻糖杯子蛋糕

數量 3個杯子蛋糕

	公克 g
白色翻糖	200
紅色翻糖	40
黃色翻糖	30
咖啡色翻糖	20
綠色翻糖	4
藍色翻糖	1

③薯條

②熱狗

①漢堡

IV 造型杯子蛋糕 — Cup cake

119

◆◆◆ 熊貓
迷你三兄弟

熊貓公克 g

頭 - 白色	12
耳朵 - 黑色	0.4
眼睛 - 黑色	0.2
眼睛 - 白色	0.2
鼻子 - 黑色	0.1
鼻子 - 白色	0.3
臉 - 紅色	0.1
臉 - 黃色	0.3
臉 - 白色	4
臉 - 咖啡色	0.1
臉表情 - 咖啡色	0.2

迷你三兄弟公克 g

淺綠色 - 白色	3
淺綠色 - 綠色	0.1
淺藍色 - 白色	3
淺藍色 - 藍色	0.1
淺橘色 - 白色	5
淺橘色 - 紅色	0.1
淺橘色 - 黃色	0.2

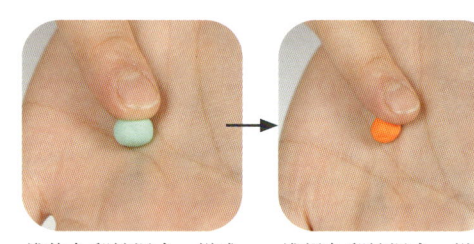

淺綠色翻糖混合，搓成圓柱狀。

淺橘色翻糖混合，搓成圓柱狀。

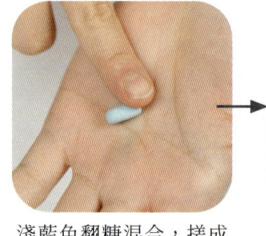

淺藍色翻糖混合，搓成圓柱狀。

照圖組合，用工具搓出耳朵。

TIP

> 迷你三兄弟的顏色可以自行更改搭配，也可以多做好幾隻組合出不同的風格。

> 混合多種翻糖顏色，可以製作出更多元的顏色變化，建議可以先使用配方中的比例，再一點一點調整出自己喜歡的顏色。

120

IV 造型杯子蛋糕 — Cup cake

1. 取熊貓白色 12 克搓圓。

2. 中間挖出一個凹槽。

3. 膚色翻糖混合，滾圓壓扁。

4. 使用工具整形出鼻子的形狀。

5. 再使用淺咖啡色做出眼睛和鼻子嘴巴。

6. 取黑色 0.4 克滾橢圓，壓扁，從中間切半做出耳朵。

7. 取黑色 0.1 克滾橢圓，壓扁。

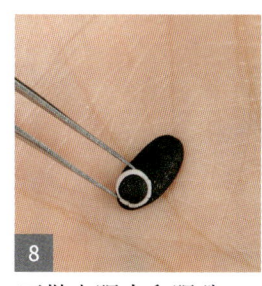

8. 再做出眼白和眼珠。

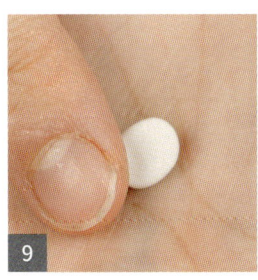

9. 取白色 0.3 克滾圓，輕壓做出半圓形。

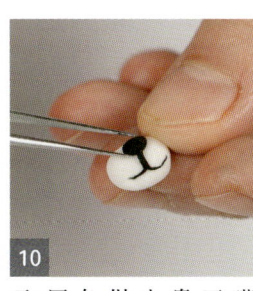

10. 取黑色做出鼻子嘴巴。

11. 照圖組合。

12. 迷你三兄弟用食用色筆點上眼睛鼻子。

121

◆◆◆ ① 漢堡

漢堡 公克 g

麵包 - 咖啡色	1	生菜 - 綠色	2	起司 - 白色	6
麵包 - 黃色	5	生菜 - 白色	6	起司 - 黃色	2
麵包 - 白色	40	生菜 - 黃色	5	起司 - 紅色	0.1
麵包 - 紅色	1	生菜 - 咖啡色	0.1	肉排 - 咖啡色	14
番茄 - 紅色	2	熟白芝麻	適量		
沙拉醬 - 白色	2				

TIP

> 混合多種翻糖顏色，可以製作出更多元的顏色變化，建議可以先使用配方中的比例，再一點一點調整出自己喜歡的顏色。

> 食用亮光噴霧可以不使用，使用可以使作品看起來更有質感。

> 沒有生菜壓模可以不用壓模，直接滾圓壓扁，再用工具做出波浪縐褶感。

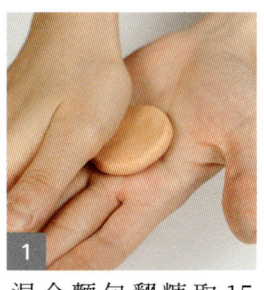

IV 造型杯子蛋糕 —— Cup cake

1. 混合麵包翻糖取 15 克，滾圓壓扁。

2. 做出一個兩面平，一個頂部半圓。

3. 使用食用色膏，拍上烤過的色澤。

4. 取肉排翻糖滾圓壓扁，使用棕刷刷出肉排表面紋路。

5. 混合起司翻糖切成正方形。

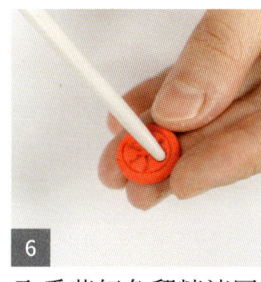

6. 取番茄紅色翻糖滾圓壓扁，用工具畫出番茄紋路。

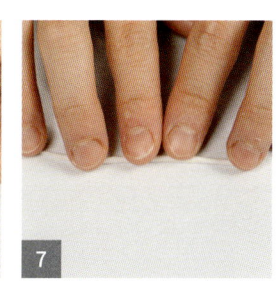

7. 取沙拉醬白色翻糖，搓成長條狀。

8. 將搓好的沙拉醬長條狀，s 型組合在起司上。

9. 混合生菜翻糖壓扁，使用壓模壓出形狀。

10. 使用工具做出皺褶波浪狀。

11. 照圖組合漢堡，表面裝飾熟白芝麻。

12. 噴上食用亮光噴霧。

②熱狗

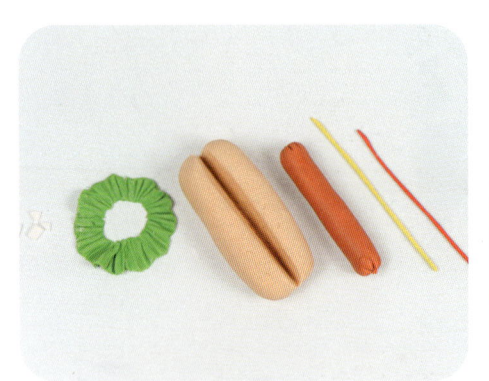

熱狗 公克 g

麵包 - 咖啡色	1	生菜 - 綠色	2	熱狗 - 白色	8
麵包 - 黃色	5	生菜 - 白色	6	熱狗 - 黃色	4
麵包 - 白色	40	生菜 - 黃色	5	熱狗 - 紅色	3
麵包 - 紅色	1	生菜 - 咖啡色	0.1	熱狗 - 咖啡色	1
洋蔥 - 白色	2	黃芥末醬 - 黃色	1		
番茄醬 - 紅色	1				

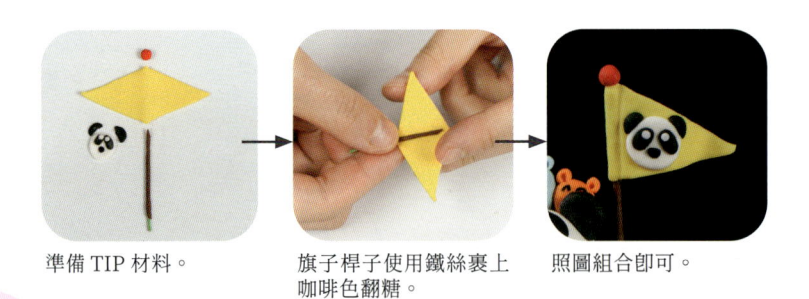

準備 TIP 材料。　　旗子桿子使用鐵絲裹上咖啡色翻糖。　　照圖組合即可。

TIP

> 小熊貓旗子：黃色 2 克、紅色 0.1 克、白色 0.2 克、黑色 0.2 克、咖啡色 0.5 克。

> 使用義大利麵做出長形的造型，可以增加強度，避免無法固定在杯子蛋糕上。

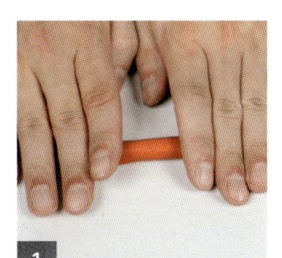

IV 造型杯子蛋糕 — Cup cake

1. 取熱狗紅色搓成長條圓柱狀。
2. 兩端用工具畫出紋路。 
3. 混合麵包翻糖搓圓。 
4. 再搓成長條狀。 
5. 使用工具中間切開。 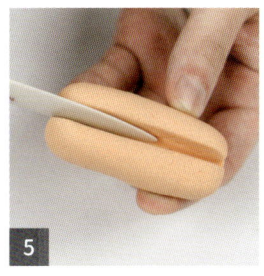
6. 混合生菜翻糖壓扁，使用壓模壓出形狀。 
7. 使用工具做出皺褶波浪狀。 
8. 組合在麵包左右兩端露出來一點。 
9. 取黃芥末黃色，搓成長條狀。 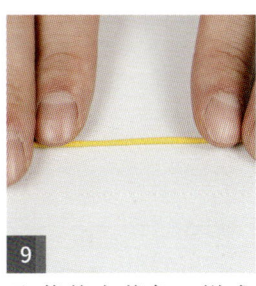
10. 取番茄醬紅色，搓成長條狀。 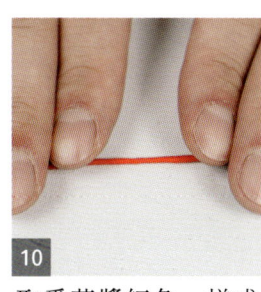
11. 照圖組合起來。 
12. 噴上食用亮光噴霧。 

125

◆◆◆ ③薯條

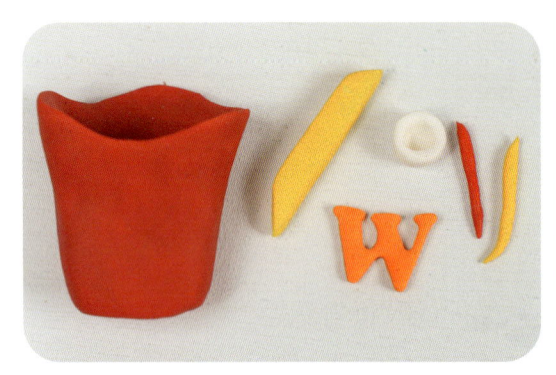

薯條 公克 g				
盒子 - 紅色	30	醬料 - 紅色	1.3
薯條 - 黃色	5	醬料 - 黃色	1.3
薯條 - 白色	15	碟子 - 白色	1.5
字母 - 橘色	3		

磚頭 公克 g	
咖啡色	30

咖啡色翻糖壓扁用模具壓出磚紋，再用壓模押出圓片狀。

TIP

> 混合多種翻糖顏色，可以製作出更多元的顏色變化，建議可以先使用配方中的比例，再一點一點調整出自己喜歡的顏色。

> 磚頭模具也可以自己用工具畫出紋路，再用壓模壓出圓片。

IV 造型杯子蛋糕 —— Cup cake

1. 取薯條黃色壓出厚度約 0.5 公分，切出條狀。

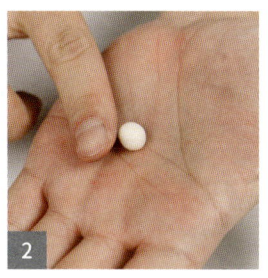

2. 取碟子白色滾圓。

3. 用工具押出凹槽，外觀再畫出紋路。

4. 取醬料翻糖搓長條狀，繞圈方式放入碟子中。

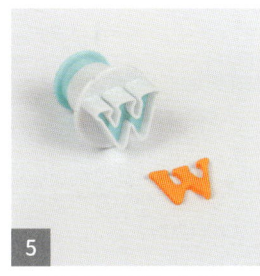

5. 使用壓模壓出字母。

6. 取盒子紅色翻糖滾圓。

7. 壓扁。

8. 使用工具整形，上寬下窄。

9. 用工具挖出凹槽。

10. 撐大。

11. 整形凹槽邊緣。

12. 照圖組合起來。

127

開心農場－翻糖杯子蛋糕

數量 3 個杯子蛋糕

	公克 g
白色翻糖	130
紅色翻糖	5
黃色翻糖	60
咖啡色翻糖	70
綠色翻糖	18
藍色翻糖	0.5
橘色翻糖	0.1
黑色翻糖	1

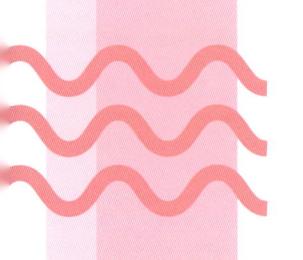

③兔子　　②貓頭鷹　　①母雞

IV 造型杯子蛋糕 ── Cup cake

129

◆◆◆ ①母雞
草地
雞窩

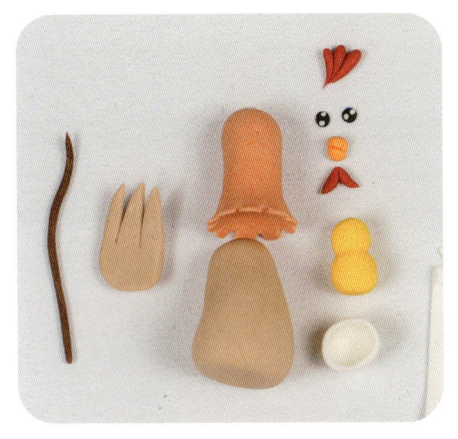

母雞 公克 g

橘色 - 白色	4	淺咖啡色 - 白色	13	眼睛 - 黑色	0.1
橘色 - 咖啡色	0.1	淺咖啡色 - 咖啡色	0.5	眼睛 - 白色	0.1
橘色 - 黃色	0.2	淺咖啡色 - 黃色	0.5	嘴巴 - 橘色	0.1
橘色 - 紅色	0.1	雞冠 - 紅色	1		

雞窩 公克 g

白色	2
咖啡色	12

草地 公克 g

草地 - 白色	8
草地 - 綠色	6
草地 - 黃色	28

混合草地翻糖，滾圓壓扁用工具做出草地。

使用壓模壓出小花。

裝飾在草地上。

放在杯子蛋糕頂部。

130

IV 造型杯子蛋糕 — Cup cake

1. 混合淺咖啡色翻糖取 8 克滾圓，壓出一邊平。
2. 整形做出身體。 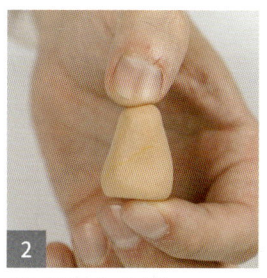
3. 混合橘色翻糖取 3 克滾成長條狀。 
4. 使用工具挖出凹槽。 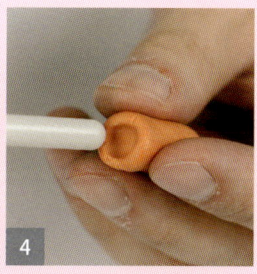
5. 使用工具做出羽毛的邊緣。 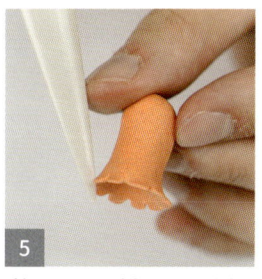
6. 組合身體和頭部。 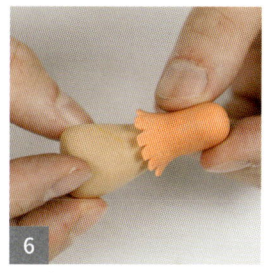
7. 取淺咖啡色 2.5 克搓成水滴狀。 
8. 壓扁。 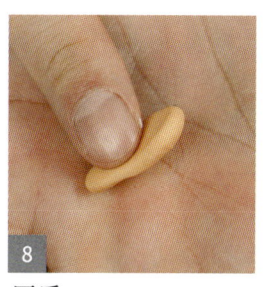
9. 使用剪刀剪出翅膀。 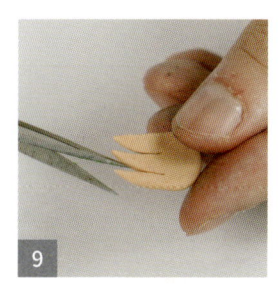
10. 依照圖片組合。 
11. 使用工具擠出雞窩條狀翻糖。 
12. 做出圓球雞蛋，照圖組合起來。

◆◆◆ 雞舍

小雞

雞舍 公克 g	
屋簷 - 白色	7
木板 - 白色	16
木板 - 咖啡色	1
木板 - 黃色	2
窗戶 - 黑色	1
窗戶 - 白色	1
門 - 白色	2

小雞 公克 g	
黃色	2
白色	1
橘色 - 黃色	0.3
橘色 - 紅色	0.1
黑色	0.5

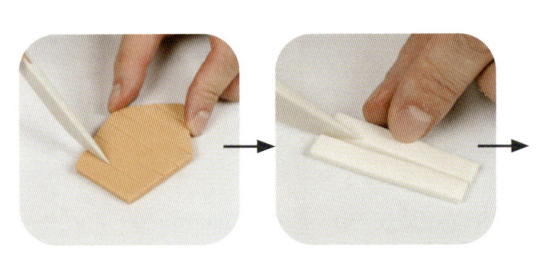

混合木板翻糖，照紙模切出形狀畫出紋路。

取屋簷白色切出門。

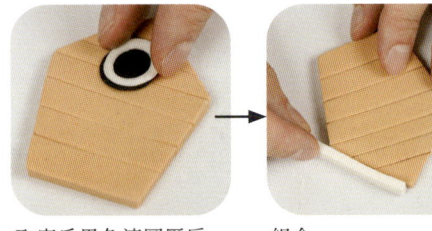

取窗戶黑色滾圓壓扁，取1克白色做出窗框。

組合。

TIP

> 混合多種翻糖顏色，可以製作出更多元的顏色變化，建議可以先使用配方中的比例，再一點一點調整出自己喜歡的顏色。

132

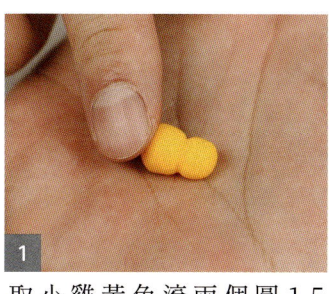

IV 造型杯子蛋糕 — Cup cake

1. 取小雞黃色滾兩個圓 1.5 克、2.5 克組合。

2. 取小雞白色，滾圓。

3. 使用工具挖出凹槽。

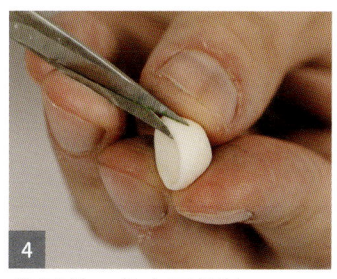

4. 使用剪刀剪出蛋殼狀。

5. 組合。

6. 取橘色混合滾圓，使用工具做出嘴巴。

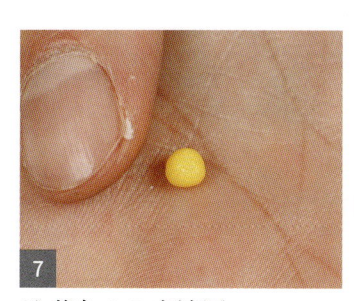

7. 取黃色 0.5 克滾圓。

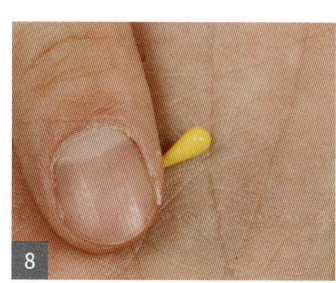

8. 壓扁。

9. 照圖組合起來。

133

◆◆◆ ②貓頭鷹

草地

雞窩

貓頭鷹 公克 g	
淺黃色 - 白色	5
淺黃色 - 黃色	1
肚子 - 白色	0.4
橘色	2

樹幹 公克 g	
樹皮 - 咖啡色	15
樹輪 - 白色	2
樹輪 - 咖啡色	0.1
樹輪 - 黃色	0.1

小仙人掌 公克 g	
綠色	1.8
小花 - 白色	2
小花 - 紅色	0.1
白色	1

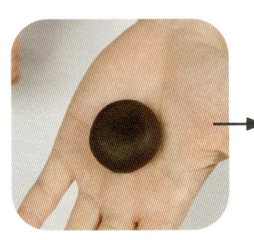

取樹皮翻糖滾圓壓扁。  → 使用工具整形。  → 畫上木紋。  → 混合樹輪翻糖，滾圓壓扁貼上，畫出木紋。

取小仙人掌綠色滾圓，畫出紋路。  → 使用鑷子夾出突起。 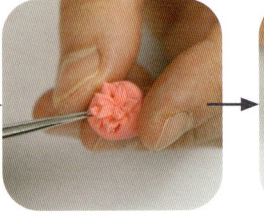 → 混合小花翻糖滾圓，用尖嘴剪刀剪出花瓣。  → 照圖組合起來。

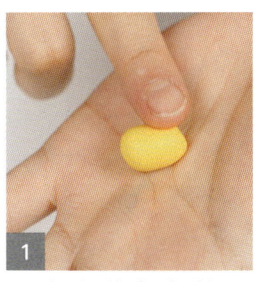

IV 造型杯子蛋糕 — Cup cake

1. 混合淺黃色翻糖取 3.5 克滾成圓柱狀。 
2. 取橘色 0.2 克做出嘴巴。 
3. 中間用工具畫出喙。 
4. 混合淺黃色翻糖取 1.5 克滾成圓柱狀。 
5. 取白色滾圓壓扁，貼在表面，用工具搓出羽毛狀。 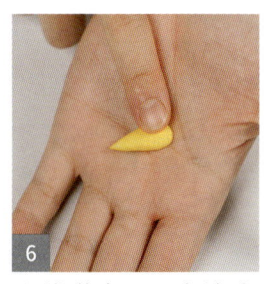
6. 取淺黃色 0.5 克滾成水滴狀。 
7. 照圖壓扁 2/3。 
8. 使用工具畫出羽毛的紋路。 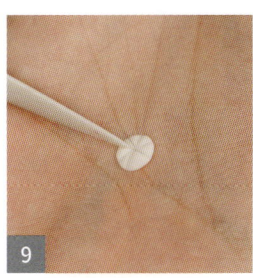
9. 取白色 0.1 滾圓壓扁，畫出眼睛紋路。 
10. 取橘色 0.5 克滾圓，剪出爪子。 
11. 取橘色 0.5 克搓長，用工具壓出邊緣。 
12. 照圖組合起來。

◆◆◆ 仙人掌

帽子

沙地

仙人掌 公克 g	
綠色	3
黃色	14
白色	4
咖啡色	1
裝飾 - 黃色	0.5
裝飾 - 粉色	0.5
裝飾 - 黑色	0.5

牛仔帽 公克 g	
帽子 - 咖啡色	1
帽子 - 黃色	2
帽子 - 白色	8
裝飾 - 白色	0.5

裝飾 公克 g	
窗戶 - 白色	1
窗戶 - 藍色	0.1
木門 - 咖啡色	1
木門 - 淺咖啡色	1

沙地 公克 g	
咖啡色	2
黃色	2
白色	26

混合沙地翻糖，滾圓壓扁成圓片狀，用棕刷刷出紋路。

組合在杯子蛋糕表面。

TIP

> 沙地顏色可以自行調整，也可以使用其他工具做出類似的紋路質感。

> 仙人掌的裝飾可以視喜好調整顏色，也可以使用壓模壓出小花裝飾，做出不同風格。

IV 造型杯子蛋糕 — Cup cake

1. 取仙人掌綠色翻糖 19 克,滾橢圓壓扁,一邊切平畫出紋路。

2. 取咖啡色翻糖滾圓壓扁,一邊切平畫出門的紋路。

3. 取淺咖啡色搓長條。

4. 使用工具畫出門框紋路。

5. 組合木門。

6. 取藍色照紙模切出,搓長白色翻糖,沿著邊緣貼上。

7. 使用壓模壓出小花。

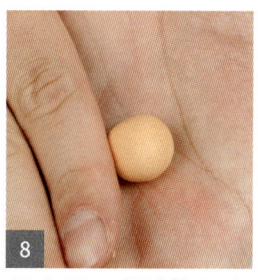

8. 混合帽子翻糖取 4 克滾圓。

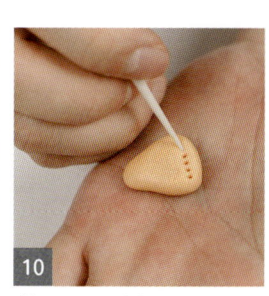

9. 壓扁整形成錐形。

10. 使用工具搓洞。

11. 取帽子翻糖用模具壓出紋路,繞在步驟 10 邊緣。

12. 照圖組合起來。

◆◆◆ ③兔子

草地

雞窩

兔子 公克 g	
白色	8
內耳 - 白色	1
內耳 - 紅色	0.1

小紅蘿蔔 公克 g	
橘色	1
淺綠色 - 綠色	4
淺綠色 - 黃色	0.4

竹籃 公克 g	
白色	3
黃色	0.3
紅色	0.1

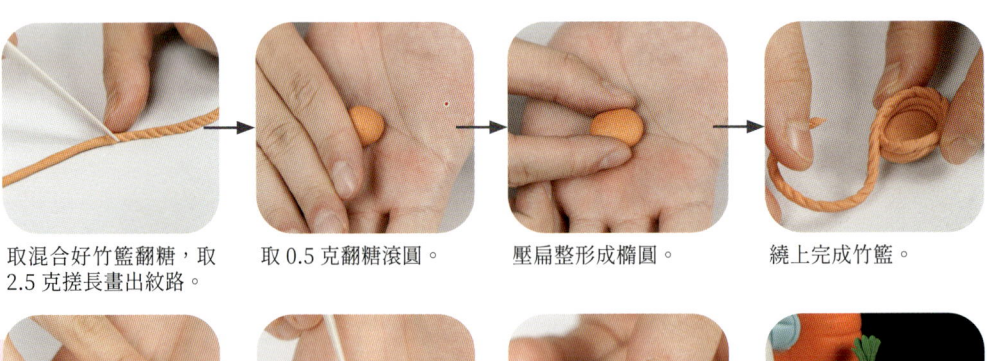

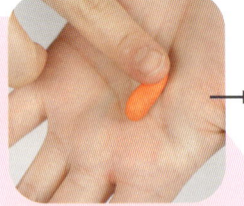

取混合好竹籃翻糖，取 2.5 克搓長畫出紋路。

取 0.5 克翻糖滾圓。

壓扁整形成橢圓。

繞上完成竹籃。

取橘色翻糖搓成水滴。

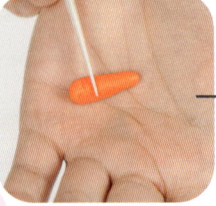

用工具畫出紋路。

混合好淺綠色翻糖，取 0.5 克組合，用剪刀剪出葉子狀。

照圖組合起來。

IV 造型杯子蛋糕 — Cup cake

1. 取兔子白色翻糖 3 克滾圓，用工具壓出身體凹痕。 
2. 上窄下寬。 
3. 上下壓平。 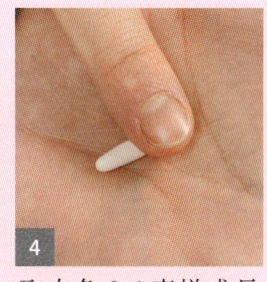
4. 取白色 0.4 克搓成長條狀。 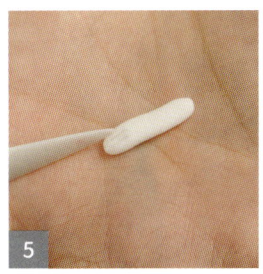
5. 使用工具壓出手的紋路。 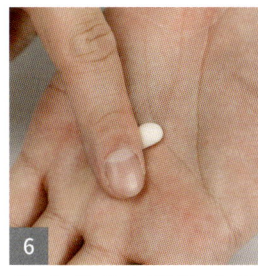
6. 取白色 0.8 克搓成長條狀。 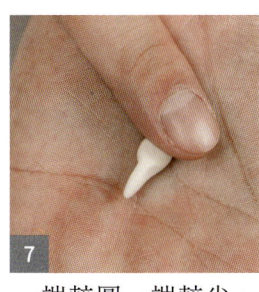
7. 一端較圓一端較尖，壓扁，整形出腿。 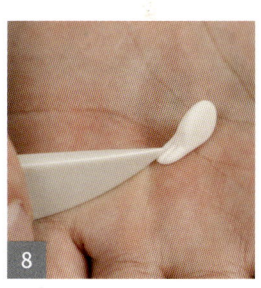
8. 使用工具壓出腳的紋路。 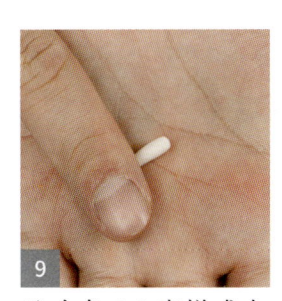
9. 取白色 0.3 克搓成水滴狀。 
10. 壓扁，用工具壓出凹槽。 
11. 混合好內耳翻糖取 0.1 克壓入凹槽。 
12. 照圖組合起來。

139

V

造型糖霜餅乾

Royal icing cookies

夏日海洋 - 初級

所需製作配件

鯊魚	1 隻
螃蟹	1 隻
烏龜	1 隻
貝殼	4 個
海星	3 個

①鯊魚

②螃蟹

③烏龜

V 造型糖霜餅乾 — Royal icing cookies

143

鯊魚

1 取製作好的鯊魚餅乾，使用食用色筆畫上記號，準備白色糖霜勾邊。

2 等糖霜乾了填入灰色糖霜，從外圍勾邊開始填入。

3 要擠滿，且動作要迅速。

4 使用牙籤輔助邊緣。

5 每個區塊都要先勾邊。

6 再填入所需的顏色。

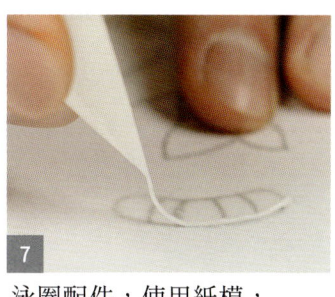

V 造型糖霜餅乾 — Royal icing cookies

7 泳圈配件,使用紙模,墊上烤焙紙。

8 先勾邊等糖霜乾。

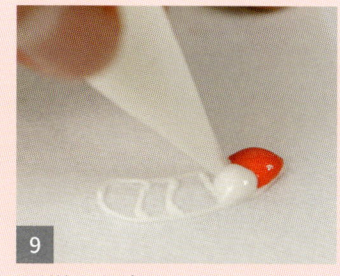

9 再填入顏色。

10 填色時,要注意顏色不要混合到。

11 一格一格填入。

12 等乾了之後,再拔起。

13 背面擠上糖霜。

14 再黏在鯊魚尾鰭部分。

15 照圖組合起來。

145

◆◆◆ 螃蟹

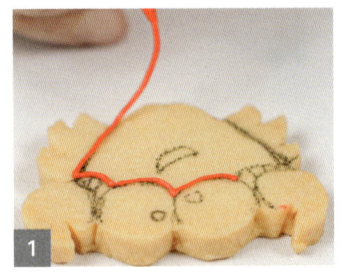

1 取製作好的螃蟹餅乾，使用食用色筆畫上記號，準備紅色糖霜勾邊。

2 拉線條時，可以將線條拉高較好操作。

3 等糖霜乾了填入灰色糖霜，從外圍勾邊開始填入，要擠滿，且動作要迅速。

4 糖霜乾後，再擠上花紋。

5 照圖擠出網狀。

6 使用花嘴，擠出腰部造型。

146

◆◆◆ 烏龜

V 造型糖霜餅乾 — Royal icing cookies

1
取製作好的烏龜餅乾，
使用食用色筆畫上記號，
準備橘色糖霜勾邊。

2
拉線條時，
可以將線條拉高較好操作。

3
等糖霜乾了填入綠色糖霜，
從外圍勾邊開始填入，
間隔著填色。

4
等乾了之後再填入其它的，
可以做出一格一格的效果。

5
全乾後再擠上線條加強。

6
照圖做出配件組合起來。

147

◆◆◆ 底座
　　　裝飾

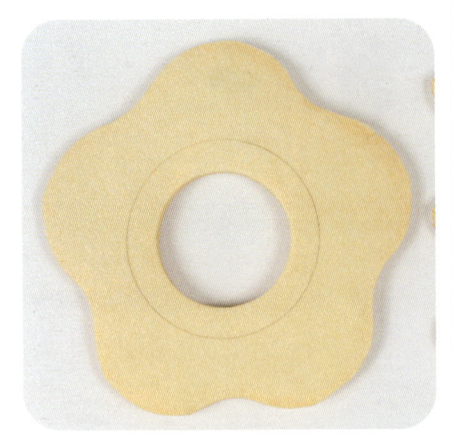

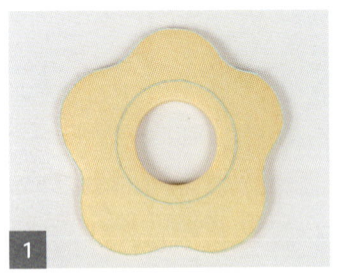

1 取製作好的底座餅乾，使用食用色筆畫上記號。

2 準備藍色糖霜勾邊。

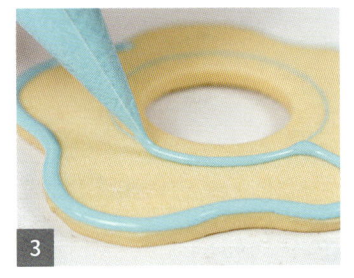

3 因餅乾較大，勾邊和填色時動作要快。

4 填色手法要順著勾邊，可以避免先擠的糖霜乾掉。

5 邊擠要邊注意，邊緣是否會溢出。

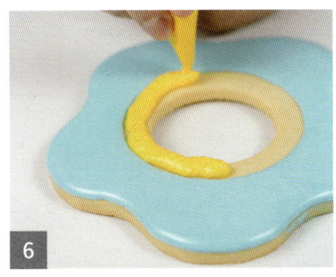

6 取黃色糖霜，擠在內圈。

148

V 造型糖霜餅乾 — Royal icing cookies

7　趁糖霜還沒完全乾燥時，撒上黃金砂糖。

8　輕輕壓，黏住。

9　使用白色糖霜擠一小段。

10　使用水彩筆抹開，做出海浪的造型。

11　貝殼配件，使用紙模，墊上烤焙紙，勾邊。

12　先勾邊等糖霜乾後填色。

13　海星配件，使用紙模，墊上烤焙紙，勾邊。

14　先勾邊等糖霜乾後填色。

15　照圖組合起來。

149

小鹿漫遊 - 中級

所需製作配件

小鹿	2 隻
蘑菇屋	1 個
聖誕樹	1 顆
台階	4 個

①蘑菇屋

③聖誕樹

②小鹿

V 造型糖霜餅乾 — Royal icing cookies

151

蘑菇屋

1 取製作好的底座餅乾,準備橘色糖霜做出屋頂,再使用白色糖霜做出紋路。

2 先勾邊後,間隔填入糖霜,等乾了之後再填入。

3 使用白色糖霜做房子。

4 使用紙模,勾出門的形狀,再填色做出門。

5 使用白色糖霜做出白色點。

6 乾了之後,使用糖霜黏上。

◆◆◆ 小鹿

V 造型糖霜餅乾 — Royal icing cookies

1 取製作好的底座餅乾，準備咖啡色糖霜勾邊。

2 等乾了之後再填色。

3 等填色乾。

4 再使用深咖啡色填在身體。

5 未乾前，使用淺咖啡色，點出斑點。

6 未乾前點上，可以使糖霜融合，切記不要混合顏色。

♦♦♦ 小鹿
組合

所需花嘴

PME 花嘴 42

---

1 取製作好的底座餅乾,準備綠色糖霜擠出線條,照著圖示方向擠出。

2 由下往上一層一層擠。

3 每層都稍微疊在上一層,做出層次感。

4 使用咖啡色糖霜,勾出樹幹。

5 邊緣處,要確認綠色糖霜已經乾,避免碰撞到。

6 樹幹可以直接填滿,也可以垂直擠線條表現。

V 造型糖霜餅乾 — Royal icing cookies

7 使用白色糖霜在樹葉上，擠出一小條。

8 使用水彩筆抹開，做出雪的感覺。

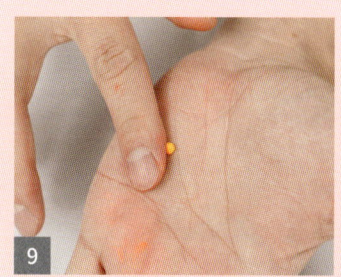

9 取黃色翻糖，搓小圓。

10 黏在聖誕樹上。

11 使用紙模，畫出星星。

12 等星星乾後，組合在聖誕樹上。

13 擺上台階。

14 底座撒上巴西里香料，做出草地的感覺。

15 依照圖將所有配件組合。

馬戲團 - 高級

所需製作配件

老鼠小丑	1 隻
簾幕	1 對
裝飾寶石	1 顆
帽子	1 頂
屋頂	1 組
屋頂裝飾	2 條

V 造型糖霜餅乾 ─ Royal icing cookies

157

◆◆◆ 裝飾寶石
屋頂裝飾

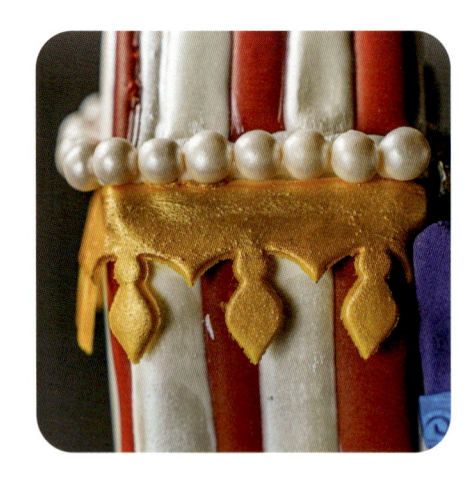

1 取綠色翻糖。

2 壓入模具中。

3 取出，烘乾。

4 使用金色色粉，用食用酒精混合。

5 調勻。

6 刷在外圍。

158

V 造型糖霜餅乾 — Royal icing cookies

7 中間用一樣手法，使用銀色色粉填色。

8 取黑色翻糖，壓入壓模中取出烘乾。

9 使用一樣手法調金粉，刷上金粉上色。

10 取黃色翻糖，擀開，厚度約 0.3 公分。

11 使用壓模壓出形狀。

12 使用刮板切邊。

13 使用一樣手法調金粉，刷上金粉上色。

14 照圖組合。

15 照圖組合。

159

❖❖❖ 簾幕
帽子

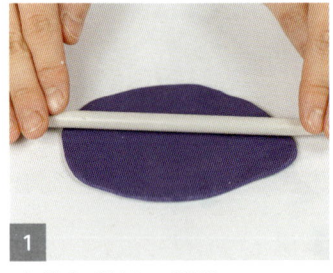

1 取紫色翻糖,擀開,厚度約 0.3 公分。

2 使用工具摺疊起來。

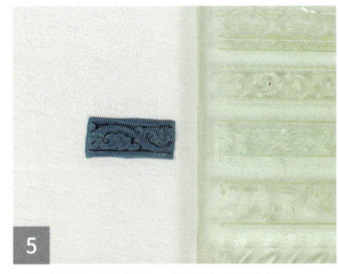

3 中間輕壓。

4 調整形狀。

5 取藍色翻糖,壓入模具,取約 2～3 公分,切齊邊緣。

6 照圖組合。

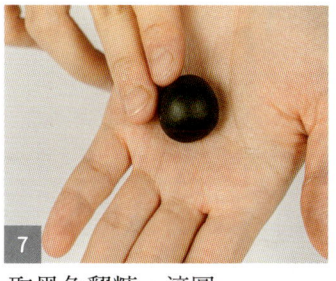

造型糖霜餅乾 — Royal icing cookies

7 取黑色翻糖，滾圓。

8 搓成兩邊尖，輕壓，使用工具切線。

9 切約 4 條線。

10 兩邊彎曲。

11 呈現圓弧狀。

12 照圖組合在簾幕上面。

13 使用紙模，畫出帽子。

14 等乾，擠上紅色線條。

15 照圖組合起來。

161

◆◆◆ 屋頂、牆壁

小丑

1 取製作好的底座餅乾，準備黃色糖霜擠出領子，使用紙模做出裝飾。

2 等乾後取白色糖霜，擠在領子邊緣。

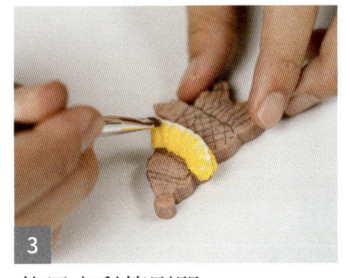

3 使用水彩筆刷開，做出毛絨絨的效果。

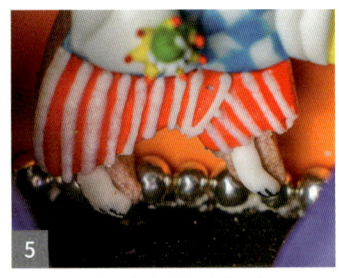

4 照圖，填色。

5 褲子先在底部擠出紅色，等乾後在擠上白色糖霜。

6 依照圖片，組合。

V 造型糖霜餅乾 — Royal icing cookies

7 取製作好的底座餅乾，使用紅色糖霜，間隔勾邊。

8 再填色。

9 烘乾。

10 再使用白色糖霜，間隔勾邊。

11 填色。

12 可以使用牙籤輔助。

13 照圖組合起來。

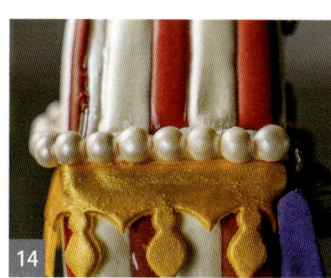

14 使用珍珠糖珠裝飾。

15 屋頂使用銀色糖珠裝飾。

163

新春慶 - 進階

164

V 造型糖霜餅乾 — Royal icing cookies

165

◆◆◆ 金魚

1 取製作好的底座餅乾，使用紙模擠出金魚身體，乾後組合在餅乾上。

2 混合細砂糖、紅色色粉、黃色色粉。

3 各別調製成紅色糖粒、黃色糖粒。

4 按照圖紙擠出金魚魚鰭。

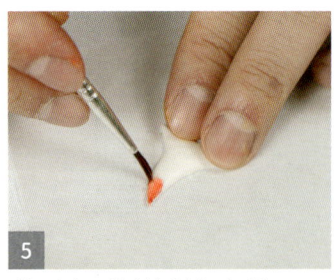

5 使用食用酒精調勻色粉，從邊緣處往內刷色。

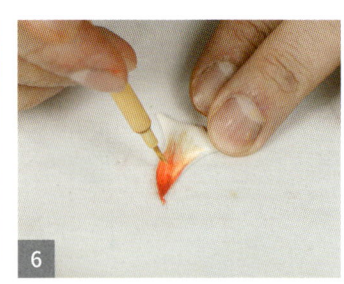

6 再使用金色刷出漸層色。

7 每一片魚鰭，都使用同樣手法刷上顏色。

8 再使用銀色刷上。

9 使用白色糖霜擠出線條。

10 做好的金魚身體刷上糖霜，將黃色細砂糖黏在肚子上，做出半立體金魚身。

11 其它地方黏上紅色細砂糖。

12 使用綠色糖霜，擠出海草。

13 擠出大小不一的海草。

14 可以再使用金色刷上，讓顏色更明顯。

15 照圖組合起來。

造型糖霜餅乾 — Royal icing cookies

167

◆◆◆ 舞龍舞獅

1
取製作好的底座餅乾，使用食用色筆畫上記號，用紅色糖霜勾邊。

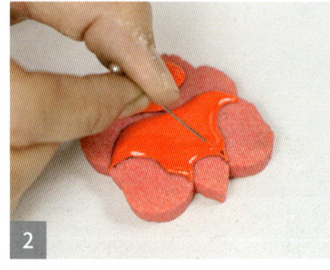

2
填色後，可使用大頭針輔助。

3
使用白色糖霜，依圖擠上，用牙籤做出毛絨絨的感覺。

4
依圖填色。

5
等乾後，白色的部分刷上銀色。

6
再使用糖珠裝飾。

◆◆◆ 鞭炮

V 造型糖霜餅乾 — Royal icing cookies

1
取製作好的底座餅乾，使用食用色筆畫上記號。

2
用紅色糖霜勾邊。

3
使用黑色糖霜畫中間線。

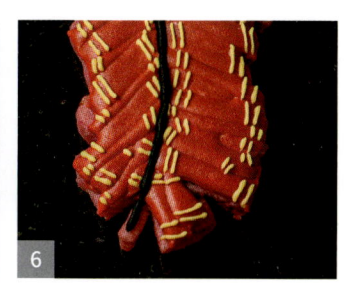

4
間隔填色。

5
依圖畫出線條。

6
依圖畫出鞭炮線條。

169

VI
造型鮮奶油蛋糕

Cream cake

財神爺

花嘴
wilton47
wilton27
wilton14
SN7104
PME1

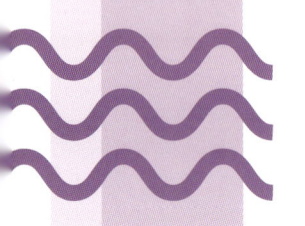

VI 造型鮮奶油蛋糕 — Cream cake

◆◆◆

1. 取蛋糕體切出圖片形狀。 
2. 上窄下寬。 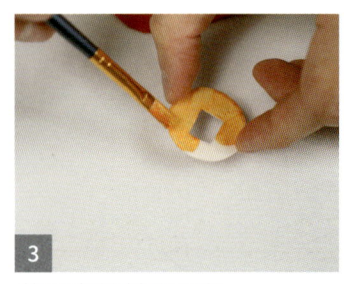
3. 使用翻糖做出配件，刷上金色。 
4. 使用紙模做出配件。 
5. 蛋糕表面抹上膚色鮮奶油。 
6. 依圖在臉上點上。 
7. 記得邊緣也要點上。 
8. 取黃色擠出帽緣線條。 
9. 取紅色擠出帽子。

VI 造型鮮奶油蛋糕 — Cream cake

10 翻糖做好的帽子，擠上黃色紋路。

11 依圖擠出花紋。

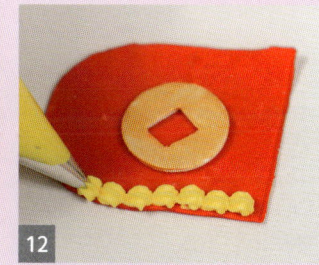

12 依圖擠出花紋。

13 將帽子組合在蛋糕上。

14 依圖裝在蛋糕上。

15 依圖組合。

16 依圖擠上紋路。

17 依圖擠上紋路。

18 照圖組合起來。

戲曲

花嘴
wilton125
SN7104
wilton4B
wilton199
wilton363
wilton2
wilton21
PME42

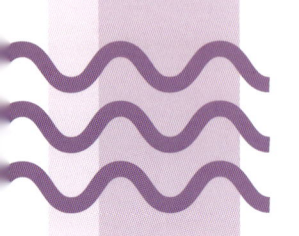

VI 造型鮮奶油蛋糕 — Cream cake

♦♦♦

1	2	3
取蛋糕體切成圖片形狀。	 蛋糕表面抹上膚色鮮奶油。	 使用工具抹平。
4	5	6
 使用工具畫出線條。	 使用黑色描出頭髮輪廓。	 擠滿。
7	8	9
 使用工具抹平。	 用鋸齒刮板刮出頭髮線條。	 身體抹上紅色鮮奶油。

VI 造型鮮奶油蛋糕 ── Cream cake

10 使用工具抹平。

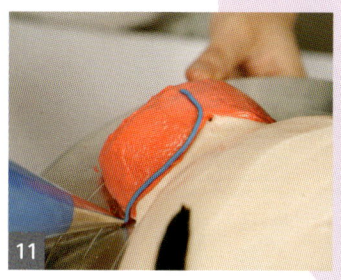

11 使用藍色鮮奶油擠出線條。

12 做出衣服線條。

13 依圖畫出。

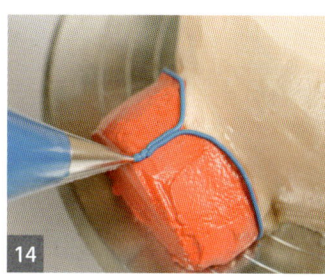

14 再擠出紋路。

15 依圖擠出紋路。

16 取藍色擠出花紋。

17 取白色擠出花紋。

18 使用銀色糖珠裝飾。

179

19 取紅色擠出頭飾紋路。	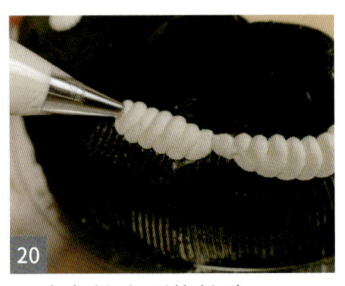 **20** 取白色擠出頭飾紋路。	 **21** 取藍色擠出頭飾紋路。
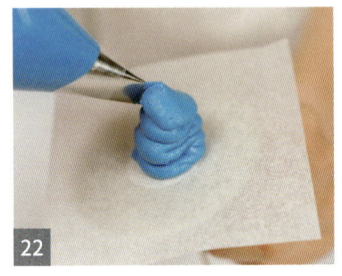 **22** 取藍色擠出花底座。	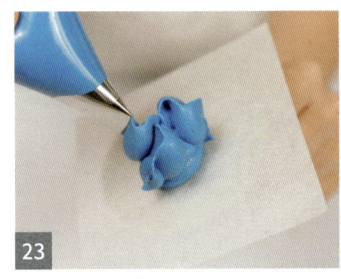 **23** 再擠出花瓣。	 **24** 擠出約直徑 6 公分大小的繡球造型。
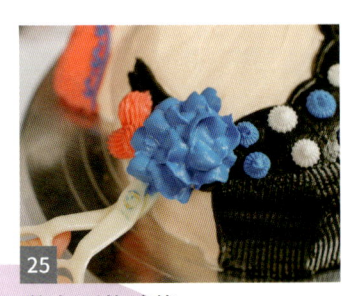 **25** 裝在頭飾邊緣。	 **26** 取紅色翻糖 8 克，壓入模具中做出裝飾物。	 **27** 取白色翻糖 40 克，壓入模具中做出 7 個。

VI 造型鮮奶油蛋糕 — Cream cake

28	29	30
取融化白巧克力。	凝固之前黏上長餅乾。	凝固後取下。

31	32	33
使用紅色的鮮奶油擠在凝固的巧克力上。	做出花朵。	插在頭頂位子。

34	35	36
使用糖珠裝飾。	裝飾上領子。	照圖組合起來。

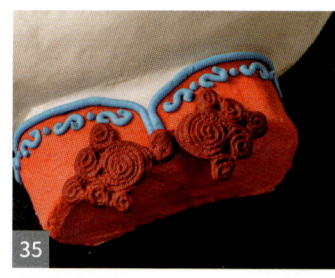

181

祥龍聚寶

花嘴
wilton363
wilton66
SN7104
SN7032
SN7068
PME42

VI 造型鮮奶油蛋糕 — Cream cake

◆◆◆

1. 取蛋糕抹上鮮奶油。 
2. 取橘色鮮奶油擠邊緣。 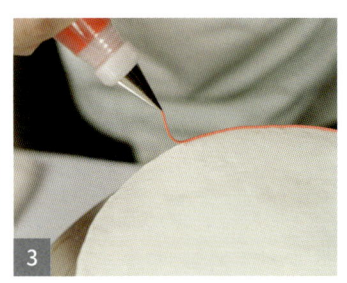
3. 取紅色沿邊緣拉線條。 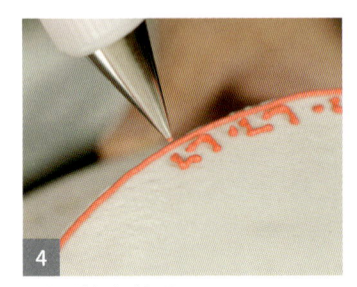
4. 照圖擠出紋路。 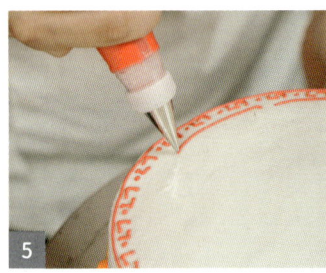
5. 照圖再擠出線條。 
6. 取白色擠出邊緣。 
7. 依照圖擠出。 
8. 再擠出橘色花紋。 
9. 取紅色再擠出花紋。

VI 造型鮮奶油蛋糕 —— Cream cake

10 照圖擠出花紋。

11 用牙籤先做出龍的記號。

12 使用黃色擠出龍身體。

13 再擠出尾巴。

14 再擠出背部。

15 照圖擠出尾巴。

16 照圖擠出。

17 順著紋路擠。

18 使用紅色翻糖，做出水滴狀擺上。

185

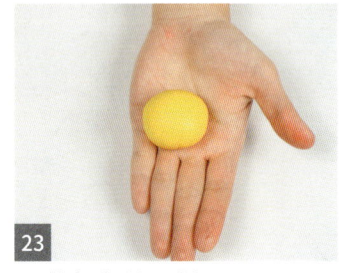

19 取黃色擠出手。	**20** 照圖擠出形狀。	**21** 再擠出手指頭。
22 使用白色擠出雲。	**23** 取黃色翻糖,搓圓。	**24** 整形出頭部嘴巴位子。
25 再塑形。	**26** 使用工具做出嘴巴位子。	**27** 使用剪刀剪出嘴巴。

28 使用工具做出凹槽。	 29 做出嘴包凹槽。	 30 使用工具畫出鼻子。
 31 搓出鼻孔。	 32 做出臉頰。	 33 使用工具做出臉頰凹槽。
 34 再做出臉部紋路。	 35 使用工具壓出鱗片感。	 36 用剪刀剪出鬍鬚。

VI 造型鮮奶油蛋糕 — Cream cake

37 臉頰上也剪出鬍鬚。	 38 剪的長度不要太長。	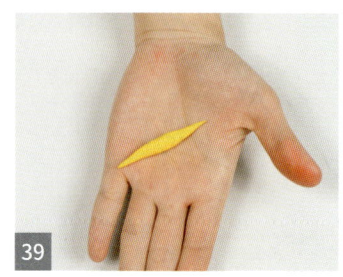 39 取黃色翻糖搓出兩端尖。
 40 折起。	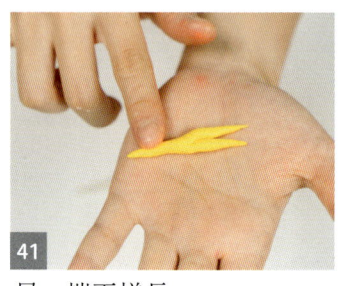 41 另一端再搓長。	 42 再折起，成爪子狀。
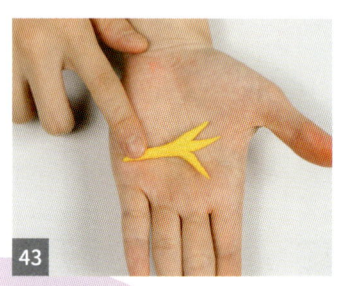 43 再搓長。	 44 依圖貼在頭上。	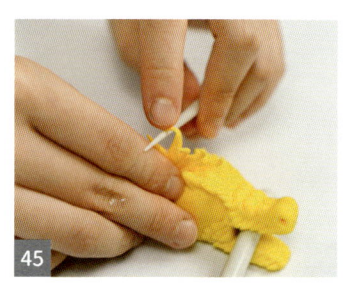 45 使用工具彎曲尾端。

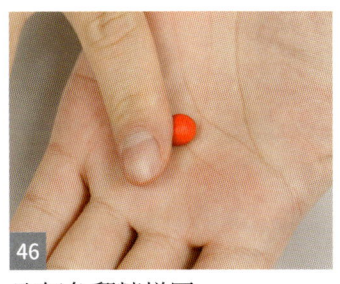

VI 造型鮮奶油蛋糕 — Cream cake

| 46 取紅色翻糖搓圓。 |  47 搓水滴狀。 |  48 壓扁。 |

| 49 尾端彎曲。 |  50 組合在嘴巴中。 |  51 取白色糖霜擠出牙齒。 |

| 52 取黃色糖霜擠出臉部紋路。 |  53 再臉頰擠出龍的毛髮。 |  54 完成。 |

189

柯基犬

花嘴
wilton233
wilton47

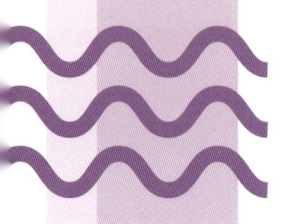

VI 造型鮮奶油蛋糕 — Cream cake

1 取蛋糕體用剪刀剪出形狀。	2 剪出斜角。	3 擠咖啡色在蛋糕體上的 1/2 處，填滿。
4 使用抹刀抹平。	5 使用白色擠在另一半。	6 使用抹刀抹平。
7 劃出鼻子的地方。	8 做出鼻子高度。	9 使用抹刀抹出形狀。

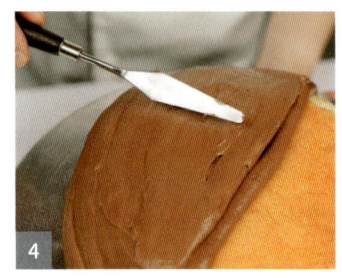

VI 造型鮮奶油蛋糕 — Cream cake

10 依圖做出形狀。

11 照紙模做出配件。

12 組合耳朵。

13 使用咖啡色擠出毛髮狀。

14 使用白色擠出毛髮狀。

15 使用白色擠出毛毛鼻子。

16 組裝鼻子。

17 用黑色糖霜擠出嘴巴線條。

18 照圖組合起來。

193

VII
創意和菓子

わがし

初階和菓子

煥彩晨光

花瓣四運

花蕾初綻

Ⅶ　創意和菓子 ── わがし

197

◆◆◆ 煥彩晨光

俯視圖　　　　　　　　　　　側面圖

1
和菓子皮白色 10 克、
黃色 2.5 克 2 顆、
綠色 2.5 克 2 顆、
紫色 2.5 克 2 顆、
香濃芝麻花生餡 15 克。

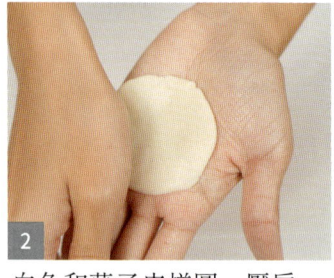

2
白色和菓子皮搓圓、壓扁。

3
黃色的和菓子皮
搓約 1.5 公分長。

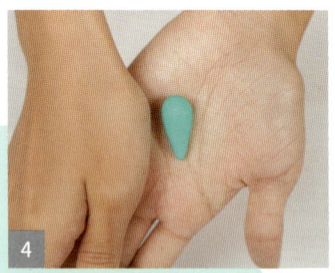

4
綠色的和菓子皮
搓約 1.5 公分長。

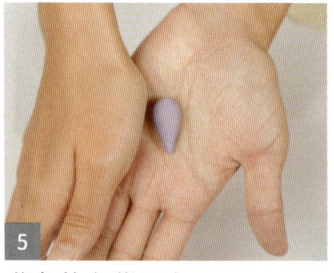

5
紫色的和菓子皮
搓約 1.5 公分長。

6
依圖擺放輕壓。

VII 創意和菓子 — わがし

7 放至白色和菓子皮上面。

8 放上香濃芝麻花生餡，用虎口之處包緊。

9 整形成圓形。

10 在圓的中間做 3 點記號，再分成 6 等份。

11 再分成 16 等份。

12 使用工具在中心，壓出凹洞。

13 擺入金箔。

14 每一片花瓣的 2/3 處斜劃一刀。

15 每一片花瓣再斜劃兩刀。

199

花瓣四運

俯視圖

側面圖

1 和菓子皮白色 10 克、
黃色 3.5 克 ×2、
綠色 3.5 克 ×2、
橘色 0.5 克、
香濃芝麻花生餡 15 克。

2 白色和菓子皮搓圓、壓扁。

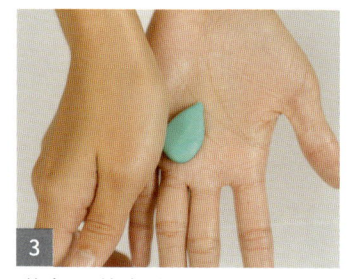

3 黃色、綠色和菓子皮搓約 2 公分長的水滴狀，壓扁。

4 照圖擺放。

5 放在白色和菓子皮上面。

6 放上香濃芝麻花生餡，用虎口之處包緊。

VII 創意和菓子 — わがし

7 整形成圓形。

8 使用工具在中心，壓出凹洞。

9 使用工具，分4等份。

10 擺入搓圓的橘色小球。

11 使用工具搓出花蕊。

12 用食指將和菓子皮由內而外推。

13 用大拇指、食指把花瓣捏尖。

14 使用工具，每一片花瓣劃三條線。

15 使用圓頭工具，每一片花瓣戳三個小圓洞。

201

◆◆◆ 花蕾初綻

俯視圖　　　　　　　　　　　　側面圖

1
和菓子皮白色 10 克、
粉色 3.5 克、黃色 3.5 克、
綠色 3.5 克、藍色 3.5 克、
橘色 0.5 克、
香濃芝麻花生餡 15 克。

2
白色和菓子皮搓圓、壓扁。

3
粉色、白色、綠色、藍色
搓約 2 公分長的水滴狀。

4
黏一起，壓扁。

5
放至白色和菓子皮上面。

6
放上香濃芝麻花生餡，
用虎口之處包緊。

202

VII 創意和菓子 — わがし

7 使用工具分 4 等份。

8 每種顏色再分 3 等份。

9 使用工具在中心，壓出凹洞。

10 擺入搓圓的橘色小球，使用工具搓出花蕊。

11 由內而外推出花瓣。

12 每種顏色的第二等份，由內而外推出兩片花瓣

13 再用手指把花瓣捏尖。

14 使用尖頭工具，每種顏色的第一第三等份劃一條線。

15 使用圓頭工具，每種顏色的第一、第三等份戳一個小圓洞。

203

中階和菓子

碧海之戀

霓虹花影

向陽花開

VII 創意和菓子 ── わがし

◆◆◆ 碧海之戀

俯視圖　　　　　　　　　　　　側面圖

1 和菓子皮白色 10 克、
藍色 10 克、綠色 5 克、
橘色 1 克、
抹茶乳酪餡 15 克。

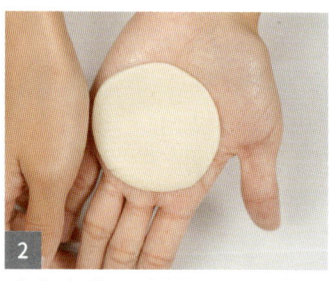

2 白色和菓子皮搓圓、壓扁。

3 藍色和菓子皮搓圓、壓扁。

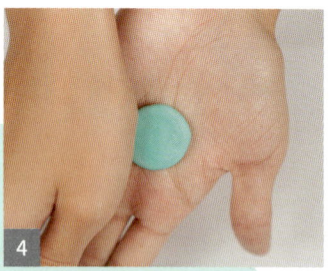

4 綠色和菓子皮搓圓、壓扁。

5 按照白色、綠色、藍色順序疊起。

6 放上抹茶乳酪餡，用虎口之處包緊。

VII 創意和菓子 ── わがし

7 整形成圓形。

8 使用工具在中心，壓出凹洞。

9 擺入搓圓的黃色小球，使用工具搓出花蕊。

10 使用鑷子，剪出第一層的花瓣。

11 第一層花瓣與花瓣中間劃一刀。

12 剪出第二層花瓣，花瓣比第一層大一點。

13 再剪出第三層花瓣，花瓣比第二層大一點。

14 再劃出第四層花瓣，花瓣不剪斷，在未剪斷的花瓣上剪出第四層花瓣。

15 用鑷子把花瓣微微挑起，重複步驟。

207

◆◆◆ 霓虹花影

俯視圖　　　　　　　　　　　側面圖

1
和菓子皮白色 10 克、
粉色 5 克、橘色 5 克、
紫色 5 克、橘色 0.5 克、
抹茶乳酪餡 15 克。

2
白色和菓子皮搓圓、壓扁。

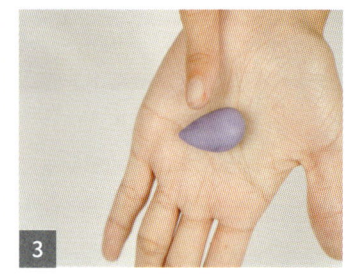

3
粉色、橘色、紫色
和菓子皮搓胖型的水滴。

4
三色和菓子皮
覆蓋在白色和菓子皮上面。

5
放上抹茶乳酪餡，
用虎口之處包緊。

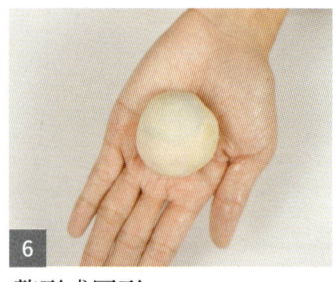

6
整形成圓形。

208

VII 創意和菓子 — わがし

7 使用工具，分成 3 等份。

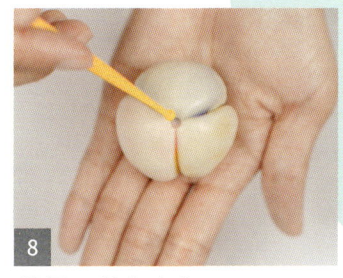

8 使用工具在中心，壓出凹洞。

9 擺入搓圓的橘色小球，戳 3 個小圓洞。

10 三種顏色和菓子各別剪出第一層花瓣。

11 依序剪出後面的花瓣，花瓣由小而大剪出。

12 左右兩邊再剪花瓣，花瓣由小而大剪出，在剪之前都需要先劃一刀。

13 每種顏色的左右兩邊花瓣剪完再剪大小一致的花瓣。

14 依照圖剪出。

15 三種顏色用相同手法剪出。

◆◆◆ 向陽花開

俯視圖　　　　　　　　　　　　側面圖

1 和菓子皮白色 10 克、
酒咖色 15 克、橘色 5 克、
黃色 15 克、淺咖啡色 2 克、
橘紅色 5 克、黑色 1 克、
紅色 1 克、
抹茶乳酪餡 15 克。

2 咖啡色和菓子皮
搓圓、壓扁。

3 白色和菓子皮搓圓、壓扁，
放在咖啡色上。

4 放上抹茶乳酪餡，
用虎口之處包緊。

5 整形成圓柱狀，
使用貝殼工具，
側邊壓紋路。

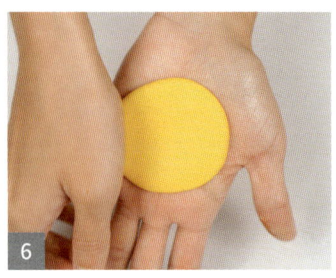

6 黃色和菓子皮搓圓、壓扁。

210

VII 創意和菓子 ― わがし

7

橘色和菓子皮壓扁，
橘色放至黃色上面，
壓緊黏住。

8

淺咖啡色搓圓、壓扁，
黏至橘色和菓子皮上面，
割出格子紋路。

9

橘紅色和菓子皮
放入小篩網，
往上壓出花蕊。

10

使用鑷子，
把花蕊夾至格紋周圍，
圍一圈即可。

11

使用鑷子，
剪第一層的花瓣。

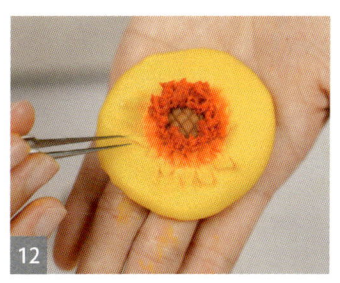

12

剪出第二層花瓣。

13

第二層花瓣與花瓣之間，
先劃出三條線，
再剪第三層花瓣。

14

黑色、紅色和菓子皮搓圓，
黏住，使用工具，
紅色中間劃一刀，
左右戳出 3 個對稱的小圓。

15

擺上。

211

高階和菓子

紫光繚繞

魚躍龍門

繽紛盛宴

VII 創意和菓子 ― わがし

◆◆◆ 紫光繚繞

俯視圖 　　　　　　　　　　　　　　側面圖

1 和菓子皮白色 10 克、
淺紫色 5 克、
深紫色 10 克、橘色 0.5 克、
焙茶乳酪餡 15 克。

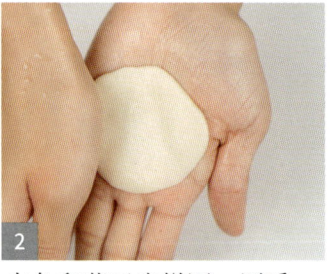

2 白色和菓子皮搓圓、壓扁。

3 淺紫色、深紫色和菓子皮
搓圓、壓扁，
淺紫色放置深紫色上面。

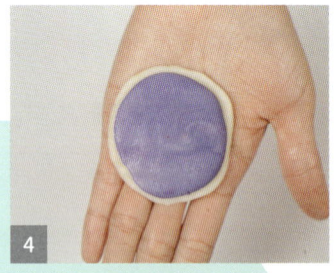

4 放置在白色和菓子皮上。

5 放上抹茶乳酪餡，
用虎口之處包緊。

6 整形成圓形。

214

VII 創意和菓子 — わがし

7 使用工具在中心，壓出凹洞。

8 擺入搓圓的黃色小球，使用工具搓出花蕊。

9 剪第一層的花瓣。

10 於第一層花瓣與花瓣之間剪出第二層花瓣，花瓣逐漸變大。

11 於第二層花瓣與花瓣之間剪出第三層花瓣，花瓣逐漸變大。

12 同樣手法繼續剪出。

13 於第六層花瓣開始都需要先劃一刀，再剪花瓣。

14 花瓣剪出後往上翹。

15 依序剪出完成。

215

◆◆◆ 魚躍龍門

俯視圖　　　　　　　　　　　　側面圖

1
和菓子皮白色 10 克、
紅色 10 克、藍色 5 克、
綠色 4 克、白色 0.5 克、
淺粉色 0.5 克、白色 1 克、
深粉色 1 克、橘色 0.5 克、
紅色 2 克 ×2、黑色 0.5 克、
焙茶乳酪餡 15 克。

2
白色和菓子皮搓圓、壓扁。

3
紅色、藍色和菓子皮
搓圓柱狀。

4
放置於白色和菓子皮上面，
壓扁。

5
放上焙茶乳酪餡，
用虎口之處包緊。

6
整形成圓形。

VII 創意和菓子 ── わがし

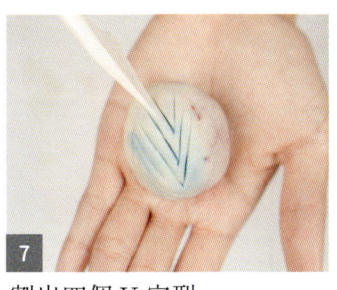

7 割出四個 V 字型。

8 使用工具，壓出深淺紋路。

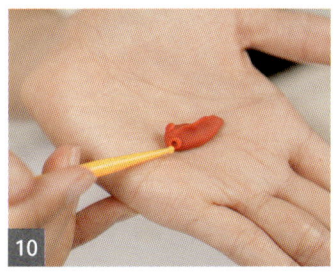

9 依圖壓出紋路。

10 取紅色搓成水滴型狀，在中間處捏出魚鰭，使用工具搓出眼睛。

11 眼睛放入黑色，左右兩邊劃線條。

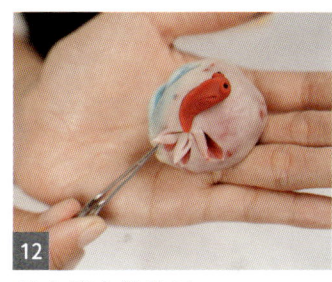

12 放在適合的位子，剪出魚尾。

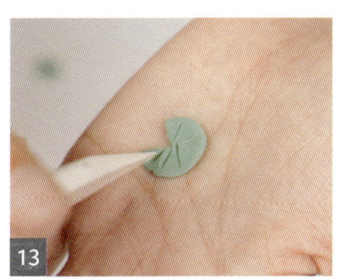

13 綠色搓圓，壓扁，割掉一個 V 字型，使用工具，劃上線條。

14 淺粉色搓圓，中心戳小圓洞，放入黃色搓出花蕊，依序剪出花瓣。

15 依圖組合。

◆◆◆ 繽紛盛宴

俯視圖　　　　　　　　　　　側面圖

1 和菓子皮白色 10 克、
藍色 15 克、白色 5 克、
橘色 5 克、白色 4 克、
粉色 4 克、白色 4 克、
紫色 4 克、綠色 5 克、
黃色 0.5 克、
焙茶乳酪餡 15 克。

2 白色、藍色和菓子皮搓圓，壓扁，疊起。

3 放上焙茶乳酪餡，用虎口之處包緊。

4 整形成圓形。

5 使用工具，分成 8 等份。

6 再分成 16 等份。

Ⅶ 創意和菓子 — わがし

7
左右兩邊交替順序，
用成曲線。

8
綠色搓兩頭尖的長條形，
再調整出捲捲形狀。

9
綠色搓成水滴狀，壓扁。

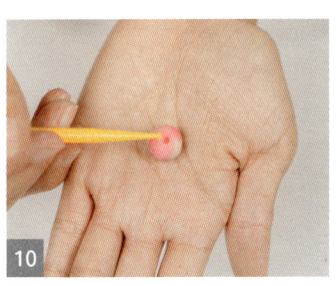

10
白色、粉色和菓子皮
混合搓圓，
於中心點戳一個小圓洞。

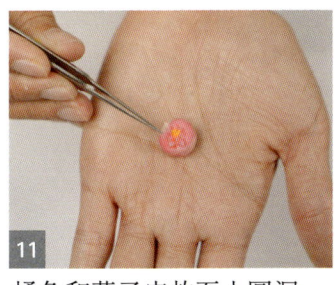

11
橘色和菓子皮放至小圓洞
用鑷子上下戳出花蕊，
依序剪出花瓣。

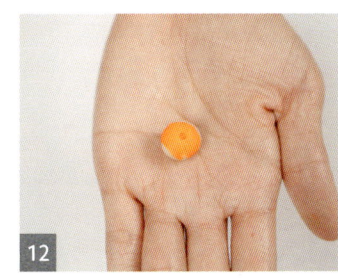

12
白色、橘色和菓子皮
混合搓圓，
於中心點戳一個小圓洞。

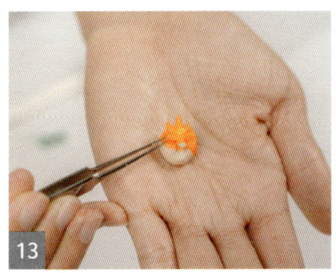

13
黃色和菓子皮放至小圓洞
用鑷子上下戳出花蕊，
依序剪出花瓣。

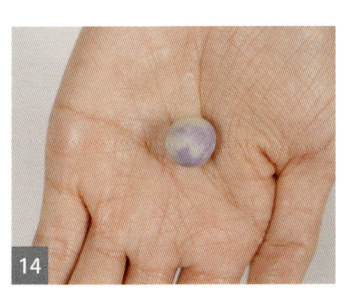

14
白色、紫色和菓子皮
混合搓圓。

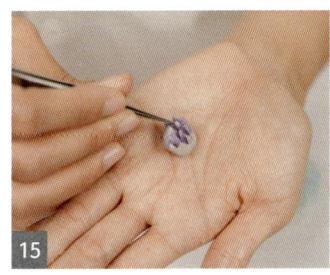

15
由下往上剪的方式，
剪出第一層花瓣，
同手法剪出剩下的花瓣。

協助團隊 - 合照

協助團隊成員

- 林珈萱 左一
- 黃若淳 左二
- 王庭軒 左三
- 盧怡甄 右一
- 張　翔 右二

歡迎關注作者動態
Facebook & Instagram

潮草飼 品純淨

高品質乳源，來自純淨紐西蘭

堅持純淨、自然，與大地共存，
牧草中的 β-胡蘿蔔素是牛隻最天然的養分，
也是乳品的純淨記號。

Anchor™ Since 1886

辜韋勳的
藝饗烘焙

The Art of the Cake
Baking and Decorating

辜韋勳的藝饗烘焙 / 辜韋勳著 . -- 一版 [新北市]
上優文化事業有限公司 , 2024.10
232 面 ; 19 × 26 公分 . -- （烘焙生活 ; 56）
ISBN 978-626-98932-3-2（平裝）
1.CST: 點心食譜
427.16　　　　　　　　　　　　　　　113015208

作　　者	辜韋勳
總 編 輯	薛永年
美術總監	馬慧琪
文字編輯	董書宜
美術編輯	董書宜
攝　　影	王隼人
助手團隊	王庭軒、盧怡甄、張翔、黃若淳、林珈萱
出 版 者	上優文化事業有限公司
	電話 (02)8521-3848　／　傳真 (02)8521-6206
	信箱 8521book@gmail.com（如任何疑問請聯絡此信箱洽詢）
	官網 http://www.8521book.com.tw
	粉專 http://www.facebook.com/8521book/

| 上優好書網 | 粉絲專頁 |

印　　刷	鴻嘉彩藝印刷股份有限公司
業務副總	林啟瑞 電話 0988-558-575
總 經 銷	紅螞蟻圖書有限公司
	電話 (02)2795-3656　／　傳真 (02)2795-4100
	地址　台北市內湖區舊宗路二段 121 巷 19 號
網路書店	博客來網路書店　www.books.com.tw
出版日期	2024 年 11 月
版　　次	一版一刷
定　　價	550 元

Printed in Taiwan 版權所有・翻印必究
書若有破損缺頁，請寄回本公司更換

（黏貼處）

韋韋勳的藝饗烘焙　讀者回函

♥ 為了以更好的面貌再次與您相遇，期盼您說出真實的想法，給我們寶貴意見 ♥

姓名：	性別：□男　□女	年齡：　　　歲
聯絡電話：（日）　　　　　　　　　　　　（夜）			
Email：			
通訊地址：□□□-□□			
學歷：□國中以下　□高中　□專科　□大學　□研究所　□研究所以上			
職稱：□學生　□家庭主婦　□職員　□中高階主管　□經營者　□其他：			

● 購買本書的原因是？

□興趣使然　□工作需求　□排版設計很棒　□主題吸引　□喜歡作者　□喜歡出版社
□活動折扣　□親友推薦　□送禮　□其他：＿＿＿＿＿＿＿＿＿＿＿＿＿＿＿

● 就食譜叢書來說，您喜歡什麼樣的主題呢？

□中餐烹調　□西餐烹調　□日韓料理　□異國料理　□中式點心　□西式點心　□麵包
□健康飲食　□甜點裝飾技巧　□冰品　□咖啡　□茶　□創業資訊　□其他：＿＿＿＿

● 就食譜叢書來說，您比較在意什麼？

□健康趨勢　□好不好吃　□作法簡單　□取材方便　□原理解析　□其他：＿＿＿＿＿

● 會吸引你購買食譜書的原因有？

□作者　□出版社　□實用性高　□口碑推薦　□排版設計精美　□其他：＿＿＿＿＿

● 跟我們說說話吧～想說什麼都可以哦！

□□□-□□

寄件人 地址：
姓名：

廣告回信
免貼郵票
三重郵局登記證
三重廣字第 0751 號
平　信

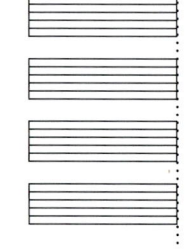

24253 新北市新莊區化成路 293 巷 32 號

上優文化事業有限公司　收

韋韋勳的 藝饗烘焙　**讀者回函**

（請沿此虛線對折寄回）

韋韋勳的 藝饗烘焙

The Art of the Cake
Baking and Decorating

在甜點中尋找生活的美好
超越單純的美食製作
昇華為一門獨特的生活藝術
不僅是一本烘焙教程
更是探索藝術之美的心靈指南

上優文化事業有限公司
電話：(02)8521-3848
傳真：(02)8521-6206
信箱：8521book@gmail.com
網站：www.8521book.com.tw

上優｜三藝

P50- 森林系動物
蘑菇屋台階

P50- 森林系動物
樹洞葉子

P50- 森林系動物
蘑菇屋

P62- 海洋世界
熊熊

P150- 小鹿漫遊
蘑菇屋

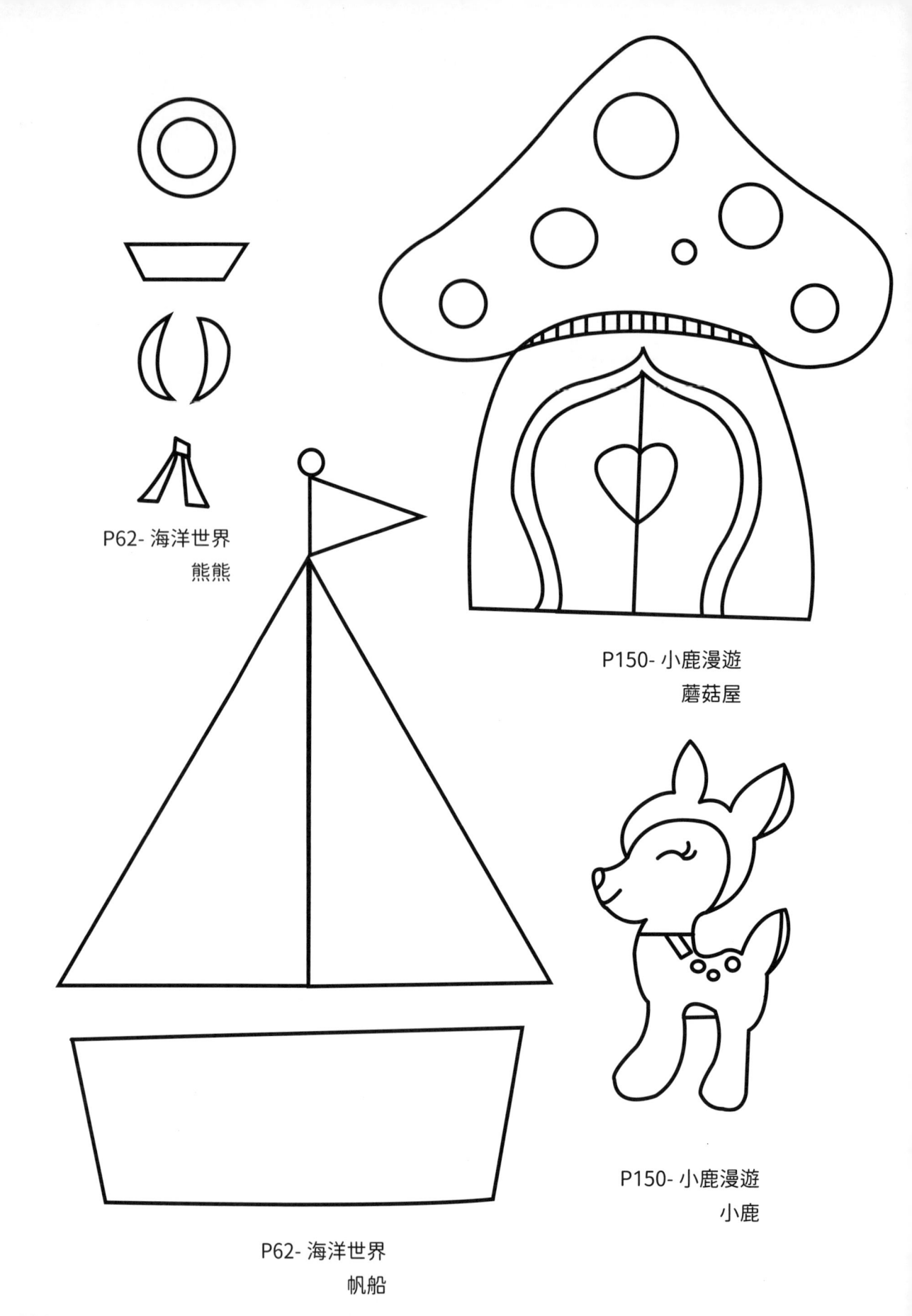

P62- 海洋世界
帆船

P150- 小鹿漫遊
小鹿

紙模 — 實際大小

P150- 小鹿漫遊
小鹿

P164- 新春慶
鞭炮

P164- 新春慶
金魚

P164- 新春慶
舞龍舞獅

P74- 魔幻馬戲團

紙模 — 實際大小

P88- 福爾摩沙

P142- 夏日海洋

紙模 ─ 實際大小

P119- 速食派對

P128- 開心農場

231

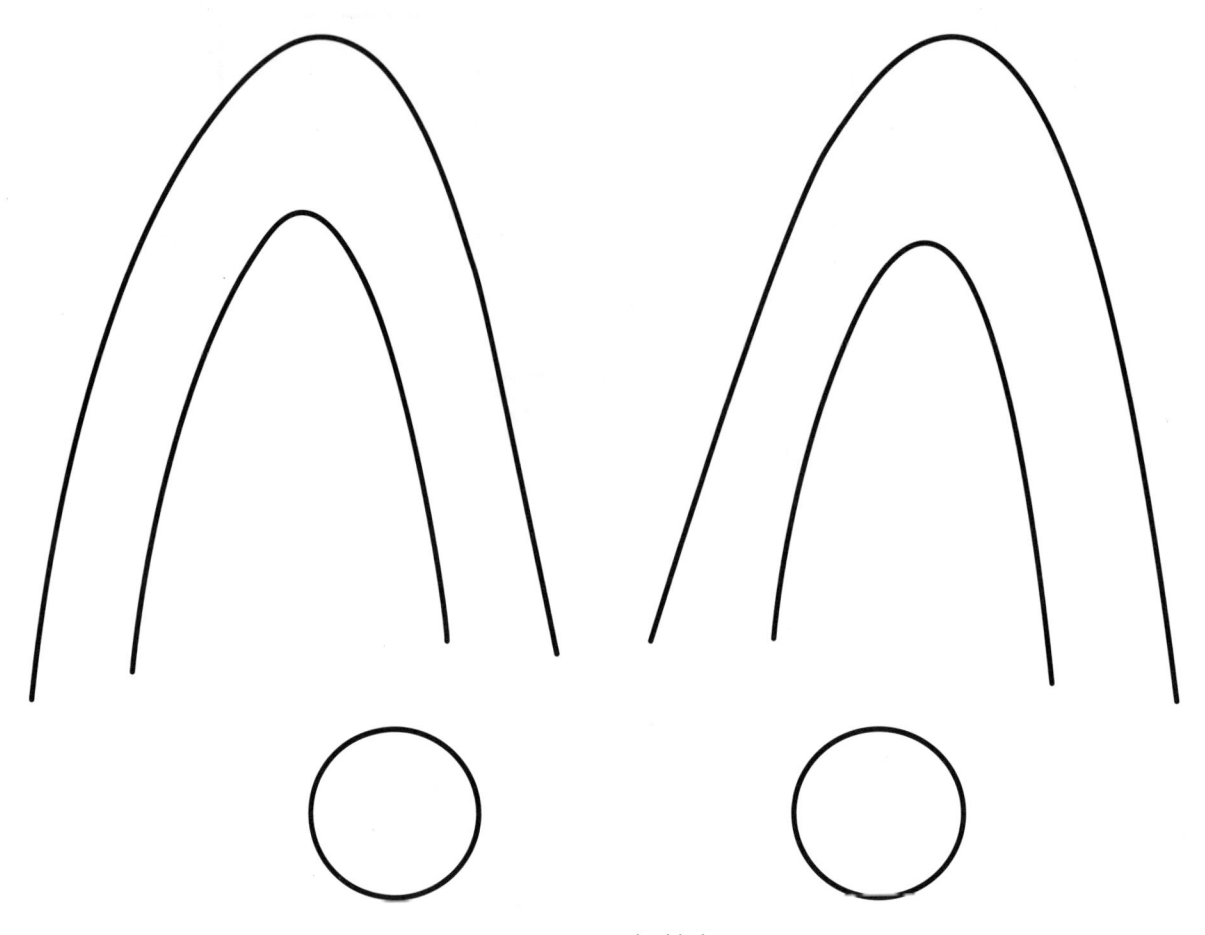

P190- 柯基犬

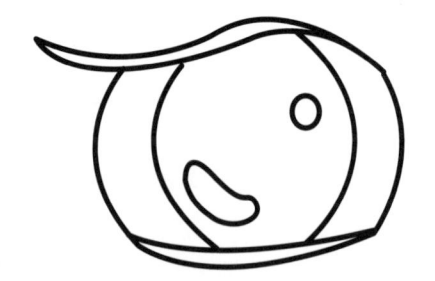

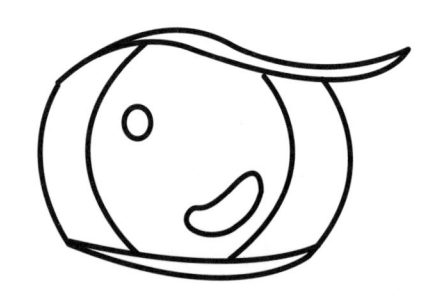

P176- 戲曲